Sigrid Weppelmann | Sandra Mensmann

Longieren

In kleinen Schritten zu großen Kreisen

Für Marlon

Sigrid Weppelmann | Sandra Mensmann

Longieren

In kleinen Schritten zu großen Kreisen

Die Reitschule

Müller
Rüschlikon

Impressum

Einbandgestaltung: Sven Rauert

Titelbild: Sigrid Weppelmann

Bildnachweis:
Anne Hoppe: S. 36, 46, 92
Dr. F.-P. Schollen, www.luftbild-auto.de:
Seite 3, 15, 17, 21, 24, 25, 31, 39, 40, 41, 49, 51, 53, 62, 65, 73, 75, 84, 85, 86
www.vetpix.de: Seite 5, 9, 15, 30, 32, 34, 35, 36, 37, 38, 44, 45, 47, 52, 76, 77, 78, 79, 88, 89, 90, 91, 93
Weppelmann: Seite 8, 10, 26, 28, 29, 33, 43, 48, 50, 51, 55, 57, 58, 59, 60, 63, 72
Die Zeichnungen wurden von Annette Cirkel erstellt.

Die in diesem Buch enthaltenen Hinweise und Ratschläge beruhen auf jahrelang gemachten Erfahrungen und gesammelten Erkenntnissen in praktischer und theoretischer Arbeit mit Pferden. Alle Angaben wurden gründlich geprüft. Eine Haftung der Autorinnen oder des Verlages und seiner Beauftragten für Personen-, Tier-, Sach- und Vermögensschäden ist ausgeschlossen.

ISBN 978-3-275-01727-0

Copyright © 2010 by Müller Rüschlikon Verlag
Postfach 103743, 70032 Stuttgart
Ein Unternehmen der Paul Pietsch Verlage GmbH & Co. KG
Lizenznehmer der Bucheli Verlags AG, Baarerstr. 43, CH-6304 Zug

1. Auflage 2010

Sie finden uns im Internet unter www.mueller-rueschlikon-verlag.de

Lektorat: Claudia König
Innengestaltung: Kerstin Diacont
Druck und Bindung: KoKo Produktionsservice, 70900 Ostrava
Printed in Czech Repubic

1 Einführung

Sinn und Zweck des Longierens

Kapitel 1

Einführung: Sinn und Zweck des Longierens

Grundsätzliches

Das Ziel bei der Ausbildung eines Reit-, Fahr-, Voltigier-, Therapie- oder Freizeitpferdes ist ein durchlässiges Pferd, das willig auf die feinsten Hilfen reagiert. Die Zusammenarbeit von Mensch und Pferd soll harmonisch und für beide Seiten effektiv sein.

Man sagt: Der Reiter formt das Pferd. Wir sagen: Der Mensch formt das Pferd durch die Arbeit, die er mit ihm durchführt.

Ob am Boden, unter dem Sattel, vor dem Wagen oder an der Longe. Der Mensch übernimmt Verantwortung für die Gesundheit des Pferdes. Es muss seinen Veranlagungen entsprechend gefördert werden. Daher ist es wichtig, das Pferd zu gymnastizieren und korrekt mit ihm zu arbeiten. Longieren ist dabei ein Teilbereich.

Das Pferd ist ursprünglich nicht dafür geschaffen, Lasten zu tragen. Daher muss es lernen, die optimale Haltung einzunehmen, um unter den gege-

Besonders beim Voltigieren muss sich der Longenführer darauf verlassen können, dass das Pferd den Hilfen direkt folgt.

Longieren lernt man nur durch Longieren.

benen anatomischen Voraussetzungen ohne Schaden einen Menschen tragen zu können. Die erforderliche Muskulatur lässt sich an der Longe gut erarbeiten, aufbauen und lockern.

Longieren bietet die Möglichkeit, Pferde abwechslungsreich und sinnvoll zu trainieren. Die Hilfen, Lektionen und Übungen gehen zum Teil aus der Reitlehre hervor. Vom Boden aus kann man das Pferd genau beobachten, Veränderungen wahrnehmen und auf diesem Weg neue Ziele in der Ausbildung festlegen. Korrektes Longieren ist Übungssache. Longieren erlernt man daher nur durch Longieren. Monotonie in der Arbeit stumpft Pferde ab. Kaum ein Reiter arbeitet sein Pferd 60 Minuten lang, indem er nur ganze Bahn reitet oder im Kreis auf dem Zirkel. Das ist zu langweilig. Das Gleiche gilt für das Longieren. Auch hier muss das Pferd beschäftigt werden. Zirkel verlagern, verkleinern und vergrößern, viele Gangart- und Tempounterschiede ver-

langen, Stangenarbeit oder ab und zu an abwechslungsreichen Plätzen arbeiten, um die Sache spannend zu gestalten. Es ist ratsam, Unterricht zu nehmen und erfahrene Ausbilder bei der Arbeit zu beobachten.

Longieren wird nur dann zu einer runden Sache, wenn mit entsprechender Ausrüstung, fachgerecht, sinnvoll, zielgerichtet und individuell abgestimmt auf das Pferd gearbeitet wird. Man kann ein ausgeglichenes Pferd an einer acht Meter langen Leine um sich herumlaufen lassen, dann wird es bewegt. Einen positiven Effekt auf die Ausbildung hat diese Art von Bewegung jedoch nicht.

Geht es darum, dem Pferd Auslauf zu verschaffen, ist es einfacher und artgerechter, es in den Paddock oder auf die Weide zu stellen. Müdemachen oder Austoben an der Longe ergeben keinen Sinn. Zum einen ist die Verletzungsgefahr recht hoch, weil die Pferde nicht aufgewärmt sind, bevor sie losstürmen. Zum anderen bedeu-

Longieren ist sinnvoll:

- **während der Grundausbildung von Pferden, oft im Anschluss und parallel zur Bodenarbeit, um das Verhältnis zwischen Mensch und Pferd zu klären, zu festigen oder aufzufrischen.**
- **um junge und unerfahrene Pferde und Ponys an die Hilfen zu gewöhnen und um sie mit der Ausrüstung vertraut zu machen.**
- **als Aufbautraining nach Krankheiten und um Defizite gezielt ohne Belastung durch Reiter, Kutsche oder Voltigierer auszugleichen.**
- **wenn ein Familienmitglied oder Freund einspringen muss, um das Pferd zu bewegen.**
- **um Abwechslung ins Trainingsprogramm und die Arbeit mit dem Pferd zu bringen.**
- **um bei Reitern gezielt den Sitz zu schulen oder sie ohne Zügel aufzuwärmen.**
- **um Voltigieren zu können.**

- der Einsatz einer vollständigen und guten Ausrüstung
- die sinnvolle Auswahl und sichere Anwendung der Hilfsmittel
- das zielgerichtete Vorgehen
- das Erlernen und Verbessern der Longiertechnik
- der korrekte Einsatz der Hilfen

Anatomie und Training

Bevor wir mit der Arbeit an und mit dem Pferd beginnen, sollten wir uns mit seinen körperlichen Voraussetzungen befassen. Die meisten Pferde sind im Alter von sechs Jahren ausgewachsen. Es gibt frühreife Pferde und Pferde, die einfach mehr Zeit benötigen – die Spätentwickler. Das Pferd sollte ausgewachsen sein, wenn man mit der Arbeit, die über das Gewöhnen an die Longe hinausgeht, beginnt.

Das Pferd muss seinem Alter und den späteren Aufgaben entsprechend aufgebaut werden. Verlangen wir zu viel, führt das zu keinem guten Ergebnis. Die Signale für Überanstrengung müssen auch beim Longieren ernst genommen werden. Solche Signale können Taktstörungen, Verspannungen, Unruhe (Kopf- oder Schweifschlagen) oder bei einem ansonsten arbeitswilligen Pferd plötzlich auftretende Widerstände sein. Gezieltes Training beugt hier vor.

Eine Brücke trägt uns

Der Rücken des Pferdes ist eine Brückenkonstruktion. Vorne bilden die Beine mit der Schulter, den Schultermuskeln, den ersten Brustwirbeln und -rippen einen Brückenpfeiler. Den anderen Brückenpfeiler bilden die Hinterbeine, das Becken und das Kreuzbein. Zwischen beiden Pfeilern befindet sich eine Wirbelbrücke aus

---

tet Longieren für Pferde Arbeit und während der Arbeit sollten Temperamentsausbrüche unterbleiben.

In der Praxis zeigt sich, dass es viele verschiedene Möglichkeiten gibt, Pferde zu longieren. Bei genauerem Hinsehen hat jede Methode Vor- und Nachteile. Man muss den Weg wählen, bei dem das Pferd zufrieden ist und willig den Hilfen folgt. Wir zeigen in diesem Buch einen möglichen Weg.

Wichtig für den Erfolg

- die Orientierung an der Skala der Ausbildung (siehe FN-Richtlinien, Band I)

Richtig: Vorwärts-abwärts-Haltung

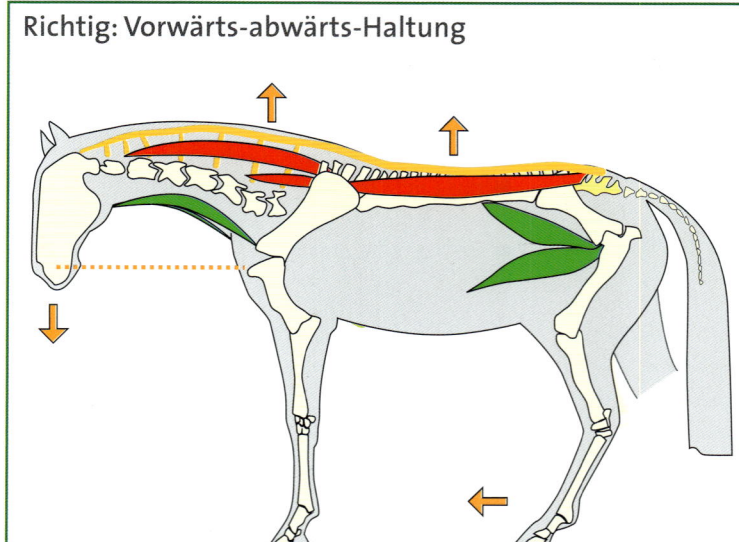

Lässt das Pferd Kopf und Hals fallen, entspannt es sich, der Rücken wölbt sich auf. Die Maulspalte befindet sich bei korrekter Dehnungshaltung in Höhe der Bugspitze. Das Pferd tritt mehr unter den Schwerpunkt.

grün: Rumpfbeuger
rot: Rumpfstrecker
orange: Nackenrückenband

Falsch: Weggedrückter Rücken

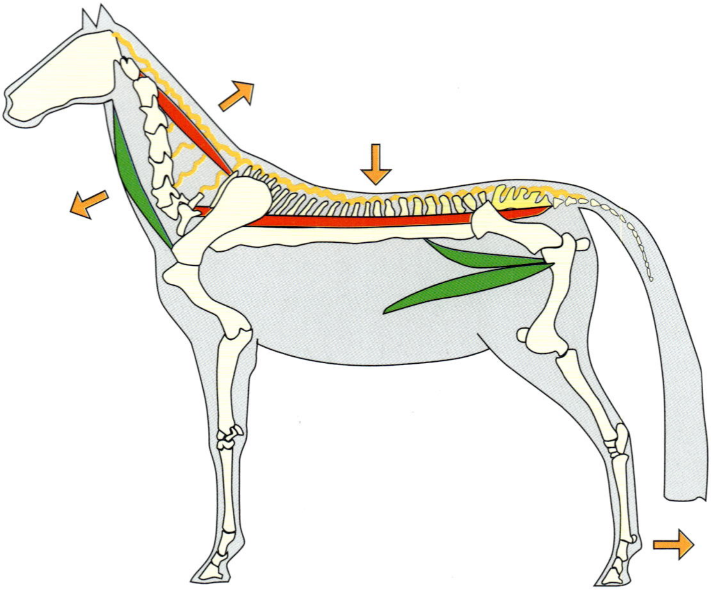

Das Pferd verspannt sich und drückt den Rücken weg. Die Wirbel werden zusammengedrückt. Das Pferd entwickelt eine starke Unterhalsmuskulatur und tritt nach hinten raus.

grün: Rumpfbeuger
rot: Rumpfstrecker
orange: Nackenrückenband

Knochen. Diese Konstruktion ist nicht ideal, um Lasten zu tragen. Es sei denn, man verbessert die Tragfähigkeit durch den Aufbau von Rücken- und Bauchmuskulatur.

Was ist Training?

Training bedeutet nachhaltige, planmäßige Übungen, um Leistungen zu verbessern. Es verändert das Pferd im positiven Sinn. Sein Körperbau entwickelt sich, es wird kräftiger. Die körperliche und geistige Entwicklung wird dabei unterstützt. Damit das Training zu etwas führt, muss ein Trainingsreiz ausgeübt werden, der weder zu stark, noch zu schwach sein darf.

Die Arbeit beginnt mit leichteren hin zu schweren Lektionen und wird von kleinen zu größeren Anstrengungen gesteigert. Im weiteren Trainingsverlauf wird entweder die Dauer der einzelnen Belastung erhöht oder die Abfolge unterschiedlichster Aufgaben beschleunigt. Der Körper reagiert auf diese Belastung. Bleibt das Training über einen längeren Zeitraum unverändert, hat sich der Körper daran gewöhnt. Eine positive Veränderung bleibt aus. Es kann sogar zu Rückschritten kommen.

Erholung und Belastung innerhalb einer Trainingseinheit müssen in einem guten Verhältnis zueinander stehen. Im Hinblick auf das Longieren bedeutet dies, dass der Longenführer nicht übersehen darf, dass es anstrengend ist, im Kreis zu laufen.

Die Tragfähigkeit wird verbessert, sobald das Pferd den Rücken aufwölbt. Dabei spielt das Nackenrückenband eine große Rolle. Es reicht, wie der Name schon sagt, vom Nacken, genauer gesagt dem Hinterhaupt, das sich kurz hinter den Ohren befindet, über den Rücken hin zum Kreuzbein. Es bindet und fixiert, aber bewegt auch die Wirbel in diesem Bereich. An den Wirbeln befinden sich Dornfortsätze. Bis zum 15. Wirbel sind sie nach hinten gerichtet. Die Dornfortsätze um den 16. Brustwirbel sind mehr nach oben gerichtet und ab da weisen sie nach vorne.

Tipp

Trainingsplan im Hausaufgabenheft
Bei der Ausbildung eines Pferdes ist es ratsam, sich Ziele zu setzen und die Arbeit genau zu dokumentieren: Hat man das angestrebte Ziel erreicht? Wie lief die Umsetzung? Was kann verbessert werden? Ein Hausaufgabenheft eignet sich hierfür sehr gut.

Notiert werden das Datum, das Ziel und der Eindruck, ob es erreicht wurde oder eher nicht. Außerdem wird aufgeschrieben, was besser gemacht werden könnte. Auf diese Weise verfolgt der Ausbilder den Fortschritt seiner Arbeit. Bei Rückschritten kann er wieder da anknüpfen, wo er aufgehört hat. Außerdem kann das Pferd im Training von einer anderen Person übernommen werden. Angehörige oder Freunde, die einspringen, können nachschlagen, woran gerade gearbeitet wird.

Dehnt das Pferd den Hals nach vorne unten und tritt dabei energisch unter, bewirkt dies, dass sich die Dornfortsätze in ihrer Richtung nach vorne bzw. hinten umkehren. Der Rücken wird aufgewölbt. Das Zusammenspiel der Rumpfbeuger und -strecker ist für das Aufwölben mit verantwortlich.

Das Pferd trägt den Reiter leichter, lockerer und schwungvoller, wenn die Rückenmuskeln die Wirbelbrücke unterstützen. Am besten entwickelt sich Muskulatur durch An- und Entspannen. Dies wird erreicht durch den Wechsel der Arbeit in Dehnungshaltung und in korrekter Aufrichtung. In korrekter Dehnungshaltung trifft eine gedachte verlängerte Linie von der Maulspalte des Pferdes auf die Bugspitze. In korrekter Aufrichtung ist die Nasenlinie leicht vor oder an der Senkrechten, das Genick ist der höchste Punkt. Drückt das Pferd den Rücken weg, wird es fest und verkrampft sich. Das führt zu gesundheitlichen Schäden. -> ANLEHNUNG VERBESSERN

Aufrichtung und Anlehnung

Während der Longenarbeit ist ein Ziel, dass das Pferd, wie beim Reiten oder Fahren, an das Gebiss herantritt und die Anlehnung sucht. Damit das Pferd beim Longieren an das Gebiss herantreten kann, werden Hilfszügel eingesetzt. Sie begrenzen das Pferd nach vorne. Damit ist gemeint, dass es von hinten nach vorne schwingend zu einer geschlossenen Einheit wird. Man stelle sich vor, Sand wird in einem Karton an eine Wand des Kartons geschoben. Dies geschieht von hinten, fließend und weich nach vorne. Dann schiebt sich der Sand an der Wand hoch. Jederzeit kann durch Wegklappen der Wand der Sand herausfließen. ->SKALA DER AUSBILDUNG

Übertragen auf das Pferd ist damit gemeint, dass die Energie von hinten nach vorne fließt. (Der Motor sitzt hinten.) Jederzeit muss ein Pferd aus der Aufrichtung in die Vorwärts-abwärts-Haltung entlassen werden können.

Es wird zwischen relativer und absoluter Aufrichtung unterschieden. Die **absolute Aufrichtung** ist absolut falsch. Sie wird erzwungen, mechanisch herbeigezogen, ohne das fleißige und energische Untertreten der Hinterhand über den Rücken. Im Gegenteil: der Rücken wird weggedrückt, die Hinterbeine treten nach hinten raus, statt unter zu treten.

Mit *relativer Aufrichtung* ist die Aufrichtung der Vorhand im Verhältnis, also in Relation, zur gesenkten Hinterhand gemeint. Das Genick ist der höchste Punkt, die Nasenlinie an oder leicht vor der Senkrechten und die Hinterhand entsprechend leicht gesenkt. Sie nimmt mehr Last auf. Die Hinterbeine treten mehr in Richtung unter den Schwerpunkt. Man spricht von den Hanken, die sich später, bei höherer Lastaufnahme hinten mehr beugen. Der Schwerpunkt des Pferdes befindet sich unterhalb der Rumpfmitte in Höhe des Brustbeines. Das ist ungefähr die Stelle, an der der Gurt angelegt wird. Die Verschnallung der Hilfszügel hängt davon ab, wie weit das Pferd ausgebildet ist, wie lange es in der Trainingseinheit gearbeitet wurde und welches Ziel mit der Einheit verfolgt wird. Ein Kapitel für sich. ->EINE TRAININGSEINHEIT GESTALTEN

Biegung ist begrenzt

Biegung bezieht sich beim Pferd auf die Gesamtlänge der Wirbelsäule von oben betrachtet. Am beweglichsten sind die Halswirbel. Vom Hals zum Schweif hin nimmt die Beweglichkeit der Wirbelsäule ab. Eine Begrenzung um den Longierzirkel rahmt das Pferd nach außen hin ein. Warum das wichtig ist, veranschaulicht folgendes Bild: Eine Gerte lässt sich nur dann bie-

Die Beweglichkeit der Wirbelsäule nimmt von vorne nach hinten ab.

gen, wenn die eine Hand sie biegt und die andere dagegenhält. Um ein Pferd zu biegen, arbeiten wir mit der diagonalen Hilfegebung. Innen treibend an den äußeren Zügel oder den verwahrend einwirkenden Hilfszügel. Es macht Sinn mit einer Begrenzung zu longieren, um ein Ausfallen der Hinterhand zu vermeiden. Je kleiner der Kreis wird, umso mehr muss sich das Pferd versammeln. Es tritt mit dem inneren Hinterfuß mehr in Richtung unter den Schwerpunkt und nimmt so mehr Last auf.

Muskeln als Prüfstein

Ob und wie gut ein Pferd gearbeitet wird, verrät es uns auch durch die Muskulatur. Die Rückenmuskulatur entlang der Wirbelsäule sollte gut entwickelt sowie locker und entspannt sein. Drückt das Pferd beim Putzen den Rücken weg, kann das ein Anzeichen für Verspannungen sein. Im Zweifelsfall weiß der Tierarzt oder ein Therapeut Rat. Manche Pferde verspannen sich im Rücken wenn es kalt ist oder sie lange im Regen standen. Eine Paddock- oder Stalldecke kann hier Abhilfe schaffen.

Bodybuilding für Pferde

- **Bauch:**
  Galopparbeit,
  Übergänge zum Galopp
- **Muskulatur der Hinterhand:**
  bergab klettern,
  versammelnde Lektionen,
  häufiges Angaloppieren
- **Hals:**
  in Dehnungshaltung vorwärts arbeiten
  mit leichter Anlehnung,
  häufiger Wechsel zwischen Vorwärts-
  abwärts-Arbeit und korrekter Anlehnung
- **Rücken:**
  Übergänge,
  langes Galoppieren,
  Arbeit mit Bodenricks,
  Klettern im Gelände, bergauf und bergab,
  Tempounterschiede innerhalb
  der Gangarten
- **Hosen und Schulterpartie:**
  Arbeit mit Bodenricks,
  energisches Antreten entweder
  aus dem Halten
  oder vom Schritt zum Trab

Vom Gebäude her gibt es einerseits Pferde mit einem gut angesetzten Hals und andererseits Pferde, mit einem für die Arbeit eher ungünstig angesetzten Hals. Ein zu hoch angesetzter oder zu niedrig angesetzter Hals ist keine ideale Voraussetzung für entspanntes Vorwärts-Abwärts. Mängel im Gebäude können nicht weggearbeitet werden. Ebenso dürfen sie nicht übergangen werden. Bei solchen Pferden muss besonders auf den korrekten Aufbau der unterstützenden Muskulatur geachtet werden.

Der gezielte Aufbau von Muskulatur bietet außerdem Abwechslung im Trainingsplan als eigene Einheit. Das richtige Maß ist bei diesen Übungen genauso wichtig, wie die geduldige Vorbereitung der Pferde auf Neues. Überanstrengung muss vermieden werden. Häufige kurze Intervalle sind wertvoller als stundenlang die gleiche Übung.

Der Hals soll sich von oben betrachtet zum Kopf hin verjüngen, also dünner werden. Pferde, die nur über Hilfszügel in die Aufrichtung gebracht werden, haben häufig starke Muskeln hinter dem Ohransatz.

Eine ausgeprägte Muskulatur am Unterhals deutet auf falsche Arbeit hin. Das Pferd hat durch das Wegdrücken des Halses im unteren Halsbereich, von der Seite betrachtet, Muskelpakete angesetzt. Diese erschweren bei der weiteren Arbeit das Vorwärts-abwärts-Dehnen und damit das durchlässige Herantreten an das Gebiss.

Die Muskeln an den Hinterbeinen, die Hosen, sollen trocken, klar umrissen und gut ausgeprägt sein. Gleichmäßig verteilt auf beide Körperhälften mit der Wirbelsäule als Mittelachse. Ungleichmäßige Muskelentwicklung deutet auf einseitige Belastung hin.

2 Die Basis

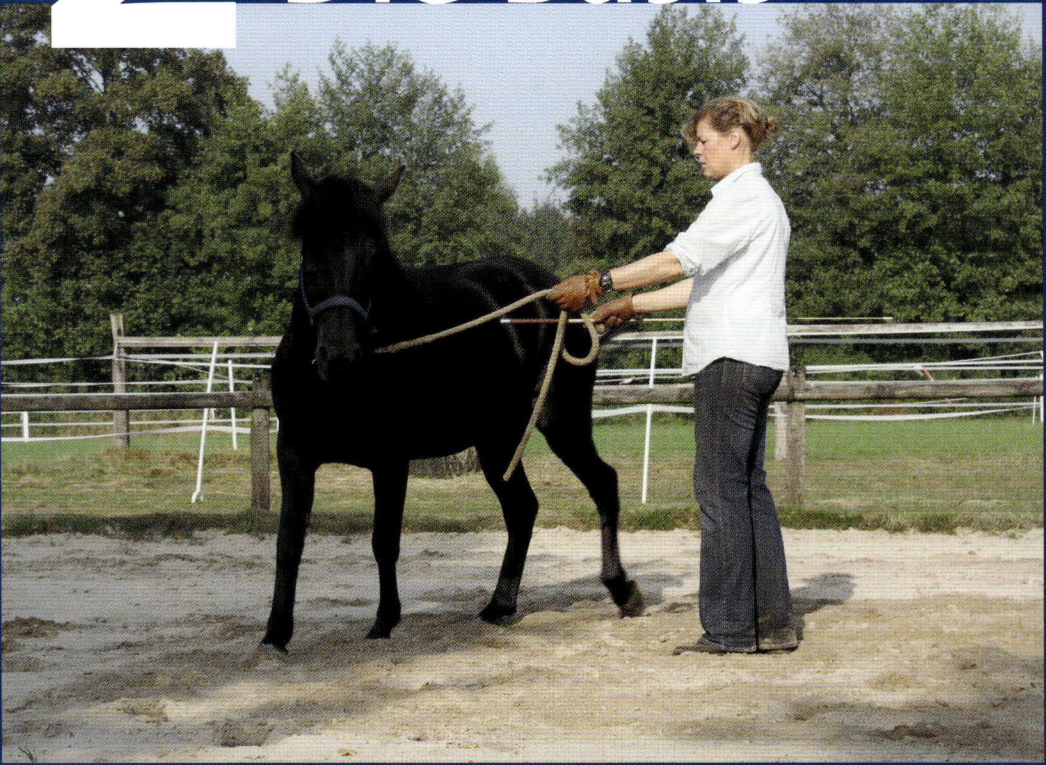

Grundlagen in der Beziehung zwischen Mensch und Pferd

Kapitel 2

Die Basis: Grundlagen in der Beziehung zwischen Mensch und Pferd

Erziehung beim Putzen

Anbinden, Stehen und Weichen

Beim Longieren muss das Pferd grundsätzlich gehorsam sein. Dieser Gehorsam fängt beim Putzen und Führen an. Das Pferd soll angebunden oder unangebunden still auf der Stelle stehen bleiben können und sich überall berühren lassen. Beim Putzen muss das Pferd aufmerksam sein. Wenn der Mensch beispielsweise beim Striegeln die Seite wechseln möchte, muss es sich ohne Probleme umdrehen lassen. Hierzu wird es leicht am Oberschenkel berührt. Das Kommando »und-rum« unterstützt die Berührung.

Das Pferd muss lernen, dass es bei Druck weichen soll. Ruhiges Stehen wird bei der Gelegenheit ebenfalls geübt. Es ist wichtig für die Arbeit an der Longe, dass das Kommando »Steh« funktioniert.

Schritt 1: Anbinden

Schritt 2: Ruhig stehen, Kommando »Steh« bzw. »Nein« für »unterlass das Scharren«

Schritt 3: Herumgehen und weichen auf Händedruck und später nur auf das Kommando

Ziel: Das Pferd hört auf das Kommando »Steh« und bleibt ruhig stehen.

Es weicht dem Druck der Hand bzw. reagiert auf das Kommando »Rum«.

Stehen

Position: *Neben dem Pferd in Höhe der Schulter*
Einwirkung: *Leichter Druck oder Berührung mit der Hand –> die Vorhand weicht*
Kommando: *Und-raus*
Ziel: *–> leichtem Druck weichen*

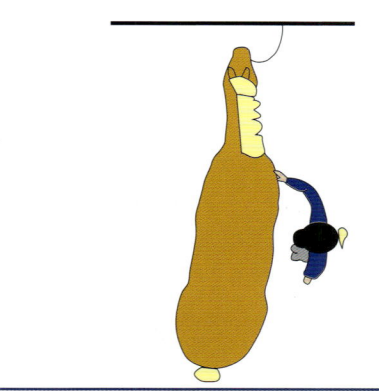

Weichen

Position: *An der Hinterhand des Pferdes, neben dem Oberschenkel*
Einwirkung: *Leichter Druck oder Berührung mit einer oder beiden Händen –> die Hinterhand weicht*
Kommando: *Und-rum*
Ziel: *–> leichtem Druck weichen*

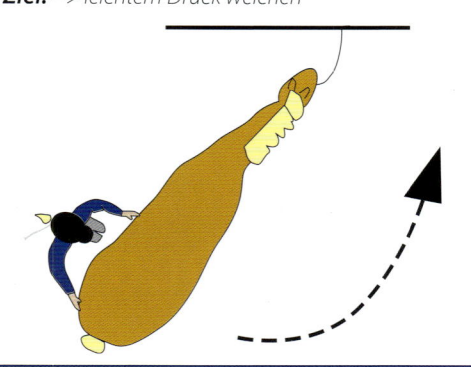

Ausrüstung für das Führen:

- *Ein dicker, ungefähr zwei bis drei Meter langer Strick, der weich in der Hand liegt. An seinem Ende befindet sich ein Karabiner- oder Panikhaken. Auch Kommunikationslongen (ca. 8 m lang), Bodenstricke (ca. 3 m lang) oder Trainingsstricke (4 m lang) eignen sich für die Grunderziehung. Ebenso eine alte, abgeschnittene Longe. Alles ohne Knoten oder Lederstege.*
- *Ein korrekt sitzendes Halfter oder später die Trense*
- *Festes Schuhwerk*
- *Handschuhe*
- *Gerte bzw. Handarbeitsgerte: Länge 1,8 bis 2,2 m*

Erziehung beim Führen

Die Vorbereitung des Pferdes vom Boden aus geht weiter. Zur Ausrüstung gehören ein Führstrick, ein Halfter und eine lange Gerte. Eine Trense bietet beim Führen mehr Sicherheit, der Einfluss auf das Pferd ist höher. Die folgenden Aufgaben sind Basis und Prüfstein für eine gute Zusammenarbeit mit dem Pferd. Wir bauen Schritt für Schritt Vertrauen auf – zueinander und zu den Gebrauchsgegenständen.

Geführt wird das Pferd von der linken Seite. Hier zeigt sich, wer das Sagen hat – Mensch oder Pferd. Es ist wichtig, dass der Mensch konsequent und selbstsicher auftritt. -> DIE HILFEN

Vorab einige Gedanken zur Handhabung der Gerte beim Führen. Normalerweise befindet sich die Gerte in der linken Hand. Wird sie benutzt, sollte die rechte Hand unabhängig sein. Es darf also kein Rucken am Strick oder Zügel erfolgen. Die Gerte kann auch in die rechte Hand genommen werden, der Strick befindet sich dann in der linken. Dies hat gewisse Ähnlichkeit mit der Position, die später beim Longieren eingenommen wird. Für die Vorbereitung also durchaus sinnvoll.

Es geht an dieser Stelle beim Führen gleichzeitig um Erziehung, nicht um das korrekte Vorführen beim Vormustern. Wichtig ist, dass man eine Chance hat, mithilfe der Gerte, alleine ohne Helfer das Pferd daran zu hindern, nach hinten auszuweichen oder stur stehen zu bleiben. Das Pferd muss auf Kommando energisch antreten. Auch hier kann bei dieser Gertenhaltung schnell reagiert werden.

Gehen

Wir befinden uns wieder links vom Pferd in Höhe seiner Schulter. Beim Führen blicken wir in die Richtung, in die das Pferd gehen soll. Unsere Position zum Pferd ist wichtig. Wir laufen parallel in Höhe der Schulter des Pferdes. Das Pferd sollte niemals an unserer Schulter vorbeieilen. An dieser Stelle beginnt die Rollenverteilung. Ebenso wenig wie ein Hund darf ein Pferd ziehen oder sich ziehen lassen. Es soll uns willig und aufmerksam folgen.

Schritt 1: Kommando: »und – Scheeritt«
Wir drehen unsere rechte Schulter vom Pferd weg nach links und machen so den Weg frei. Der erste Schritt muss vom Pferd ausgehen.

Ziel: Sofortiges Antreten und auf Dauer Antritt durch die Körpersprache.

Anhalten und Stehen

Wir gehen neben dem Pferd in Höhe seiner Schulter. Vom Gehen zum Stehen gelangt man in folgenden Schritten.

Schritt 1: Kommando »und – Steeeh«

Die Drehung des Oberkörpers in Richtung Pferd wirkt bremsend. Gleichzeitig nimmt die Person, die das Pferd führt, leicht den Führstrick an (es wirkt bei einem gut sitzenden Halfter ein wenig auf den Nasenrücken). Sie gibt nach, sobald das Pferd reagiert.

Die Oberkörperdrehung, also das Zuwenden der äußeren Schulter in Richtung bzw. vor das Pferd, sollte später ausreichen, um es zum Halten zu bringen.

Ziel: Durch die Körpersprache möchten wir das Pferd auf uns aufmerksam machen. Wir möchten, dass es macht, was wir von ihm erwarten. In diesem Fall: Das Pferd soll langsamer werden oder anhalten.

Sicheres Auftreten ist wichtig (groß und überzeugend). Disziplin ist gefordert. An dieser Stelle darf man sich auf keine Kompromisse einlassen. Stehen heißt Stehen und Gehen meint Gehen. Bei der Erziehung und dem Umgang mit dem Pferd müssen wir daran denken, rechtzeitig mit Übungen aufzuhören. Besonders wichtig beim anfänglichen Halten. Manchmal ist die Zeit der entscheidende Faktor, der eine Übung zum Scheitern verurteilt. Ein junges Pferd kann noch nicht so lange ruhig und konzentriert stehen. Es ist wichtig zu loben, aber ebenso konsequent zu wiederholen und eventuell zu strafen, wenn das Kommando nicht ausgeführt wird.

Führen mit der Gerte in der linken Hand. Mit nach hinten ausgestrecktem Arm kann das Pferd touchiert werden.

rechts: Wird die äußere Schulter beim Führen leicht vorgenommen und der äußere Arm leicht angehoben, hält das Pferd an.

Rückwärtsrichten

Wir stehen genau vor dem Pferd. Das Pferd sollte ruhig, respektvoll und ohne an uns herumzuknabbern vor uns stehen.

Schritt 1: Kommando »und – Zurück«

Der Führstrick wirkt leicht rückwärts in Richtung Bugspitze und wir geben nach, sobald eine Reaktion erfolgt. Gleichzeitig legen wir die Gerte an.

Schritt 2: Sobald eine Reaktion in Richtung rückwärts erfolgt, geben wir nach. Die Lektion wird beendet durch das Kommando »und – Steeh«, die Gerte weist schräg nach unten hinten und ist aus dem Blickfeld des Pferdes genommen.

Ziel: Die Hilfengebung verfeinern und Dominanzprobleme reduzieren.

Diese Übungen machen das Pferd aufmerksam. Außerdem sind sie eine gute Vorbereitung für die Arbeit an der Longe. Sie sind ausbaufähig. Mit angelegter Trense können erste Übergänge vom Trab zum Schritt mit hinzugenommen werden.

Ob die Entwicklung des Pferdes in Richtung Reit-, Kutsch- oder Voltigierpferd geht, ist bei der Basisausbildung nicht von Bedeutung. Eine korrekte Ausbildung an der Longe, vom Boden aus, ist eine gute Vorbereitung für alle Richtungen. Das Pferd lernt zunächst die Stimmkommandos, die Körpersprache des Menschen und die treibenden Hilfen durch die Gerte, später die Peitsche, kennen.

Stehen · Weichen · Antreten

Position: links vom Pferd
Gerte: in der rechten Hand gesenkt –> Ruhe
in der rechten Hand angehoben, über die Kruppe streichend –> Achtung
touchieren am Oberschenkel –> geh vorwärts
Kommando: Und-rum zur Verstärkung,
Und-Scheeritt zum Antreten (mit Körperdrehung nach links)
Ziel: –> weichen –> energisch antreten

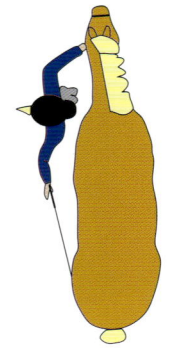

Gehen

Position: links vom Pferd gehen
Gerte: in der linken Hand gesenkt –> Ruhe
angehoben –> Achtung
touchieren am Oberschenkel –> geh vorwärts
Kommando: Vorwärts,
Und-Steh vorbereitend für das Anhalten
Ziel: –> fleißig gehen,
–> Vorbereitung zum Halten (dabei Körperdrehung nach rechts)

Führen und Wegschicken

Ein Pferd, welches in seiner Jugend gut erzogen wurde, macht in der weiteren Ausbildung weniger Probleme. Das Pferd mit dem die Arbeit fortgesetzt wird, muss willig am Halfter zu führen sein. Es kann im Schritt und Trab angeführt werden und bleibt stehen, wenn es verlangt wird.

Wir nutzen wiederum einen Führstrick, ein Halfter und diesmal die längere Handarbeitsgerte. Eine gute Vorbereitung auf das Longieren ist, das Pferd zunächst in den Ecken auf dem Reitplatz oder der Weide etwas um uns herumzuschicken. Wir führen es hierzu auf der linken Seite an einem längeren Führstrick. Unser linker Arm weist nach links vorne, mit der Handarbeitsgerte in der rechten Hand berühren wir das Pferd in Höhe seiner Schulter.

Genügt es nicht, dass das Pferd mit dem längeren Band der Gerte »gekitzelt« oder mit der biegsamen Seite berührt wird, kann man die Gerte umdrehen und mit dem Griff gegen die Schulter drücken.

Hinzu kommt das Kommando »und-raus«. Geht das Pferd in einem Halbkreis um uns herum, ist dies ein erster Schritt in Richtung Arbeit mit dem Pferd auf Distanz. Wenn diese Übung in der Ecke des Reitplatzes oder der umzäunten Weide gut gelingt, wird sie in der Mitte des Platzes geübt.

Anhalten

Position: *schräg zum Pferd drehend*
Gerte: *in der linken Hand waagerecht oder angehoben*
Kommando: *Und-Steh*
Ziel: *–> zum Halten kommen,*
–> langsamer werden,
–> versammeln

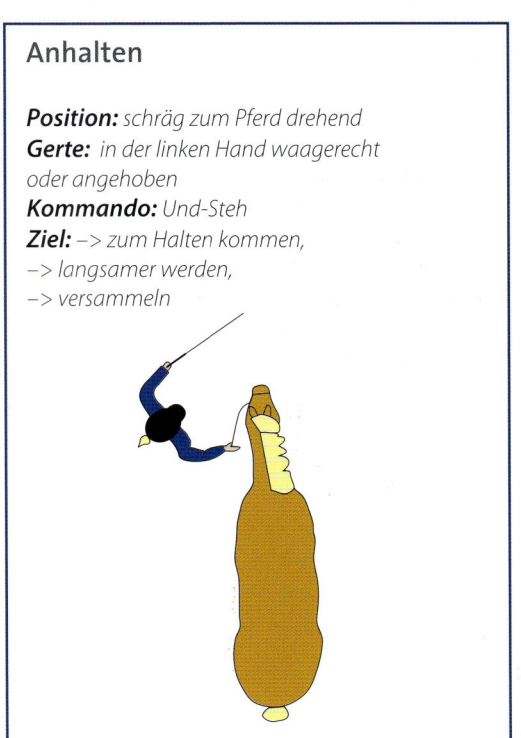

Rückwärtsrichten

Position: *vor dem Pferd stehend*
Gerte: *vor die Brust waagerecht oder an die Brust tippend oder drücken*
Kommando: *Und Zurück*
Ziel: *–> rückwärts treten*

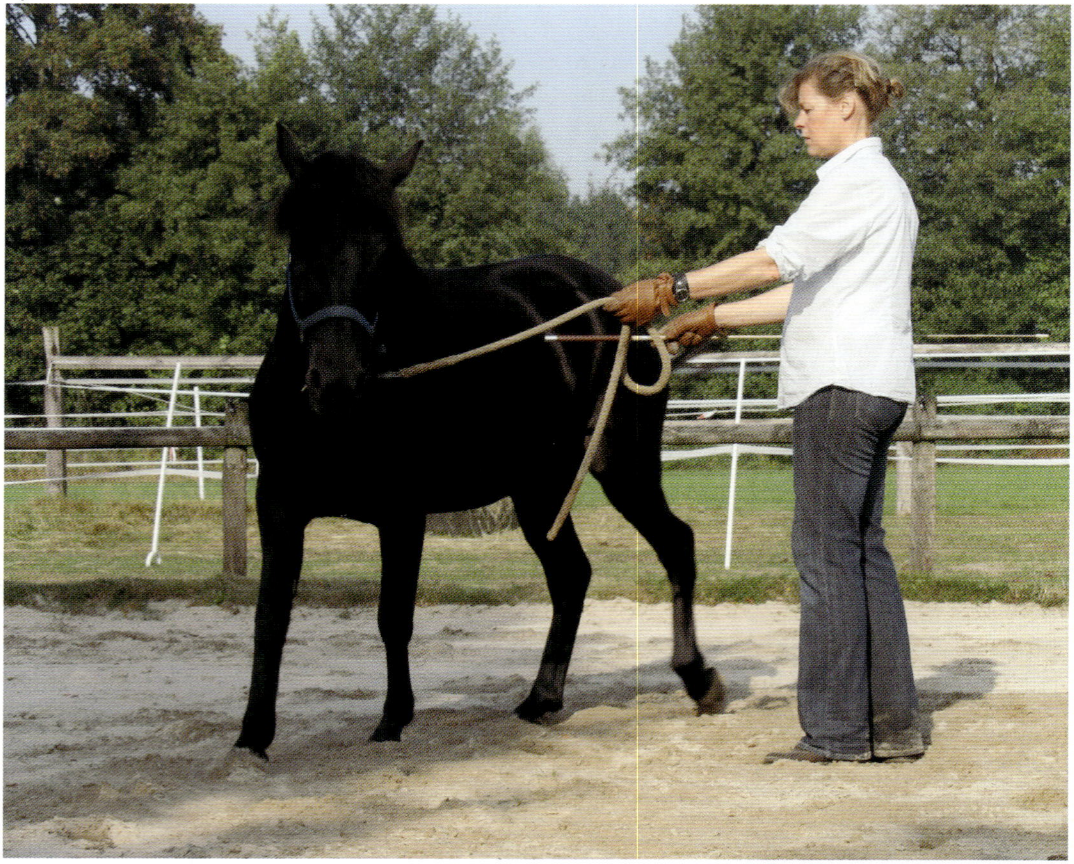

Die Körperhaltung und der leichte Druck mit der Gerte veranlassen das Pferd, von uns weg nach außen zu gehen.

Ohne seitliche Begrenzung wird es schwieriger. Es ist wieder sehr wichtig, dass der Druck sofort aufhört, sobald das Ziel erreicht ist. Ihm muss direkt ein Nachgeben folgen. Der Schlüssel zum Erfolg liegt im rechtzeitigen Nachgeben. Nur so bleibt das Pferd sensibel auf die Hilfen eingestellt. Ein stets steigender Kraftaufwand oder lautere Kommandos führen zu Protest und stumpfen das Pferd ab.

Schritt 1: Führen auf der linken Hand, in der Ecke den linken Arm zur Seite nach links strecken, Kommando: »und-raus«. Die Gerte weist auf die Schulter und touchiert diese eventuell.
Schritt 2: Diese Übung ohne Bande oder Begrenzung wiederholen, zum Beispiel in der Mitte des Platzes.
Ziel: Das Pferd weicht im Bogen aus und entfernt sich von der führenden Person.

Bevor es losgeht

3

Ausrüstung und Örtlichkeit

Kapitel 3

Bevor es losgeht: Ausrüstung und Örtlichkeit

Ausrüstung

Longe

Longiert wird mit einer acht Meter langen Longe, die einen Longierkreis mit einem Durchmesser von 15 Metern ermöglicht. Die letzte Schlaufe verleibt in der Hand des Longierers, daher ist der Durchmesser nicht 16 m. Die Longe sollte reiß- und rutschfest sein und aus baumwollhaltigem Material ohne Lederstege oder Knoten. Diese erschweren das Durchgleitenlassen der Longe beim Herauslongieren. Ein weiterer Nachteil, von Lederstegen, der bei einer Longe, ähnlich wie bei

Zügeln entsteht, ist das Festgreifen. Die Stege verleiten den Longierer dazu, gewohnheitsmäßig eine Position festzuhalten. Die Länge der Longe muss jedoch der Situation angepasst flexibel gehalten werden.

An einem Ende der Longe befindet sich ein Haken oder eine Lederschnalle. Das andere Ende schließt mit einer ungefähr 20 Zentimeter großen Schlaufe ab, der sogenannten Sicherheitsschlaufe.

Es gibt Longen mit und ohne Wirbel. Der Wirbel ist eine Art Drehgelenk kurz vor der Einschnall-

Diese Zügel sind ordentlich und sicher am Kehlriemen befestigt.

Tipp

Unter dem Gurt muss eine Unterlage liegen, um Druckstellen zu vermeiden. In unterschiedlichen Größen und Stärken können diese im Handel erworben werden.

Aus einem Schaumstoffstück kann alternativ eine passende Unterlage zurechtgeschnitten werden. Ein selbstgenähter Schonbezug schützt die Unterlage vor Schweiß und ist einfach in der Waschmaschine zu reinigen.

möglichkeit. Ob die Longe mit oder ohne Wirbel bevorzugt werden soll, ist umstritten. Er führt bei unsachgemäßer und ungeübter Anwendung zu Verdrehungen in der Longe. Manch einen stört das zusätzliche Gewicht, das Druck oder Schläge verursacht, wenn die Longe unruhig gehalten wird. Übungssache sagen die einen, unzweckmäßig sagen andere. Hier muss jeder seine eigenen Erfahrungen sammeln. Auf Erfahrung kommt es ebenso an, wenn es um die verschiedenen Einschnallmöglichkeiten der Longe geht, die auf der nächsten Seite aufgeführt sind.

Trense, Zügel und Gebiss

Die normale Gebrauchstrense kann beim Longieren verwendet werden. Sie ist passend für das Pferd eingestellt. Das Hannoversche und das kombinierte Reithalfter eignen sich für die Arbeit. Zur Trense gehört ein passendes einfach oder doppelt gebrochenes Gebiss. Die Zügel werden herausgeschnallt oder am Kehlriemen korrekt verschnallt.

Longiergurt

Longiergurte gibt es in einfacher Ausführung aus Nylon, Baumwolle, Kunststoff oder Leder. Die Gurte unterscheiden sich in der Anzahl der Ringe, der Stabilität und der Polsterung. Schließlich auch im Preis. Vorrangig ist die Passform. Der einfache Gurt ohne Kammer, ein Gurt mit zu schmaler Kammer oder harten Polstern kann den Widerrist einklemmen. Da der Gurt beim Einsatz von Hilfszügeln fest verschnallt wird, sollte er am Widerrist gut gepolstert sein. Bei der Anschaffung muss berücksichtigt werden, ob eventuell später mit der Doppellonge weitergearbeitet werden soll. Ist dies der Fall, so ist die stabile Variante aus Leder mit vielen Ringen besser geeignet.

Wer einen Voltigiergurt besitzt, ist bestens ausgerüstet. Er bietet viele Verschnallmöglichkeiten für Hilfszügel und hat eine Kammer.

Fahrer nutzen manchmal das Fahrgeschirr zum Longieren. Ähnlich wie ein Sattel bietet es kaum Möglichkeiten zur Verschnallung. Für die Gewöhnung an die Ausrüstung ist der Bauchgurt des Geschirrs geeignet, nicht für gezieltes Arbeiten mit wechselnder Verschnallung der Hilfszügel.

Sattel

Es ist nicht üblich, Pferde mit Sattel und Longiergurt zu longieren, dabei macht es durchaus Sinn: Das Gewicht des Sattels in Kombination mit dem Longiergurt reizt die Rückenmuskulatur in der Sattellage im positiven Sinne, sie wird angeregt. Der Sattel ohne Gurt bietet kaum Verschnallmöglichkeiten. In Kombination mit dem Longiergurt hat man wieder alle Möglichkeiten der Verschnallung. Mit Sattel sollte nicht nur zum Lösen vor dem Reiten longiert werden oder um junge Pferde an die Materialien zu gewöhnen. Wenn mit Sattel longiert wird, dann gehört der Longiergurt besser dazu.

Anbringen der Longe · So wird es gemacht

Erfahrenes Pferd, erfahrener Ausbilder

Innerer Gebissring (links)
In der Regel wird die Longe im Gebissring verschnallt. Die Longe kann oberhalb oder unterhalb des Hilfszügels eingeschnallt werden. Bei der Verschnallung oberhalb des Hilfszügels hat das Gebiss weniger Spiel.

Jung oder empfindlich

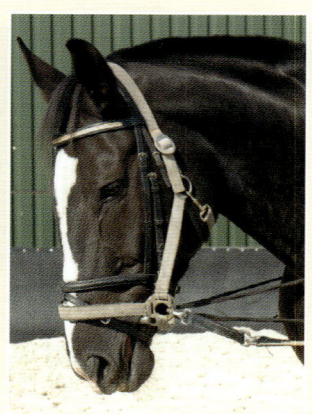

Gebissring und Backenstück (Bild links)
Bei jungen und empfindlichen Pferden wird die Longe fixiert. Hierzu wird sie durch den inneren Trensenring geführt und zusätzlich am Nasenriemen oder am Backenstück des Reithalfters befestigt. In Phasen der Ausbildung, in denen die Anlehnung nicht sicher ist oder das Pferd in Biegung und Stellung noch nicht gefestigt ist, bietet sich ebenfalls diese Verschnallung an. Die Longe wirkt nicht nur auf den inneren Gebissring. Bei dieser Verschnallung wird das Gebiss nicht versehentlich nach innen gezogen.

Halfter über Trense (Bild mitte)
Eine andere Möglichkeit ist, ein Stallhalfter über die Trense zu ziehen, und die Longe daran einzuhaken.

Kappzaum allein oder über Trense (Bild rechts)
Ein Kappzaum schont das Maul ideal. Er muss äußerst korrekt angepasst werden, da er auf die empfindliche Nase wirkt. Er gehört in die Hände erfahrener Ausbilder.

So bitte nicht

Kopflonge
Es ist für das Pferd unangenehm, wenn die Longe durch den inneren Gebissring, über das Genick auf die andere Seite zum äußeren Gebissring geführt wird. Beim Annehmen der Longe spürt das Pferd einen Druck am Genick. Die Lefzen können nach oben gezogen werden.

Longierbrille
Sie wirkt beim Annehmen der Longe auf den äußeren Gebissring.
Oft verwerfen sich Pferde im Genick oder halten den Kopf schief.

Vom inneren Gebissring zum äußeren
Hier kommt es schnell zum Nussknackereffekt: Das Gebiss und die Trensenringe werden zusammengedrückt.

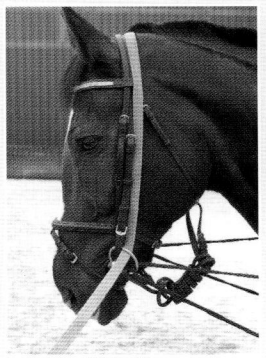
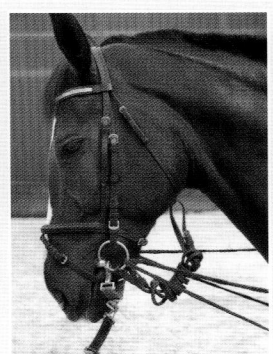
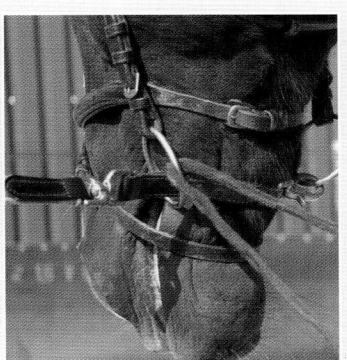

Korrekturverschnallung für Profis

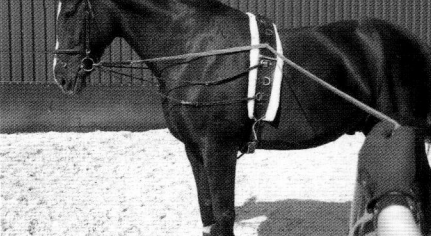

Halslonge
Die Halslonge wird von Profis für Korrekturzwecke kurzzeitig eingesetzt. Die Longe wird durch den inneren Gebissring geführt. Ungefähr 30 Zentimeter hinter dem Genick wird sie über den Hals gelegt und außen in den Gebissring geschnallt. Sie ähnelt der Zügelführung. Manche Pferde tragen sich besser selbst und stoßen sich besser am Gebiss ab. Sie macht nur Sinn bei entsprechenden Lektionen.

Gebissring – Gurt
Die Longe wird durch den inneren Gebissring zum Gurt oder andersherum durch den Gurtring zum Gebiss geführt. Hiermit kann direkt Einfluss auf die Stellung genommen werden. Nur für Profis. Das Genick wird direkt bewegt. Beide Verschnallungen führen zu einer enormen Hebelwirkung, wie bei einem Flaschenzug. Die Einwirkungen wirken doppelt so stark.

Falls der Bügel nicht abgeschnallt wird, muss er hochgeschlagen werden, damit er nicht runter rutscht.

Peitsche

Die Peitsche muss lang genug sein, um das Pferd an jeder Stelle zu erreichen. Sie muss einen stabilen Stock und einen langen Schlag haben. Eine Teleskoppeitsche eignet sich sehr gut. Sie ist auf eine Stocklänge von ca. drei Metern ausziehbar und leicht. Das Gewicht muss bei der Anschaffung beachtet werden. Die Peitsche soll leicht sein und gut in der Hand liegen. Man kann den Schlag auch einzeln kaufen und ihn durch eine günstige Angelrute ergänzen. Mit etwas Glück ist eine Teleskopangelrute aus dem Fachgeschäft günstiger als eine Longierpeitsche.

Es gibt Peitschen mit Leder- oder Nylonschlag in 4,50 bis 5 Metern Länge. Der Nylonschlag ist

Tipp

Die leichten Teleskoppeitschen brechen schnell ab. Auch Sand im Teleskopstab ist störend. Die Peitsche wird einfach geschützt. Für den Transport oder die Aufbewahrung eignen sich Kunststoffrohre aus dem Baumarkt. Mit kleinem Durchmesser dienen sie als Transportschutz und mit größerem Durchmesser als Aufbewahrungsort oder Transportmöglichkeit für Stall und Platz.

Der Sattelschoner schützt vor Kratzern durch den Gurt, der über dem Sattel angebracht ist.
Das Rohr aus dem Baumarkt ist eine einfache Peitschensammelstelle und gut für den Transport.

Nach dem Longieren ist vor dem Longieren. Der Peitschenschlag und die Longe müssen ordentlich aufgewickelt werden.

unempfindlicher. Er kann nass werden und verändert sich nach dem Trocknen kaum. Wird der Lederschlag nass, ist er nach dem Trocknen sperrig. Knoten im Schlag verfälschen die Einwirkung.

Hilfszügel

Der Longenführer muss die verschiedenen Hilfszügel, ihre Anwendungsmöglichkeiten und Wirkungsweisen kennen, um sie auswählen und unterstützend einsetzen zu können (siehe Tabelle auf den folgenden Seiten).

Die passende Verschnallung

Als sinnvolle Hilfszügel haben sich Ausbinder oder Laufferzügel bewährt. Im Zusammenspiel mit Longe und treibenden Hilfen durch Peitsche, Stimme und Körperhaltung wirken sie ähnlich wie die Zügelhilfen beim Reiten.

Laufferzügel werden mit dem einen Ende am Gurt befestigt, dann durch den Gebissring geführt und über dem anderen Ende wieder am Gurt befestigt. Als Abstand zwischen den beiden Enden haben sich 20 bis 30 Zentimeter bewährt.

Der Hilfszügel muss:

■ **sinnvoll sein.** Der Longenführer muss den Sinn erfasst haben, und es besteht eine Notwendigkeit, den Hilfszügel für die gymnastizierende Arbeit einzusetzen.

■ **zielgerichtet ausgewählt werden.** Mit der Auswahl wird die korrekte Haltung erreicht, es werden langfristige Ziele, oder die Ziele einer Trainingseinheit bzw. Phase der Ausbildung unterstützt.

■ **korrekt angelegt werden.** Die Verschnallung muss in Höhe und Länge passend bei jedem Pferd, entsprechend der Ziele, in den verschiedenen Arbeitsphasen angepasst werden.

■ **stets flexibel und in Abhängigkeit** individueller und situationsbedingter Kriterien (Trainingsstand, Tagesform, Phase in der Trainingseinheit, Gangart, auftretende Probleme) abgeändert oder ausgewechselt werden.

Die Verlängerung des Punktes zwischen beiden Befestigungen ergibt den Punkt, an dem das Pferd mit dem Maul Anlehnung sucht.

Nachdem die Hilfszügel angelegt sind, muss die gleichmäßige Verschnallung beider Seiten geprüft werden. Dies geschieht vor dem Pferd stehend, mit ausgestreckten Armen. Beide Gebissringe werden mit den Zeigefingern von unten umfasst. So kann der Pferdekopf sanft vorgezogen werden und der Spielraum der Hilfszügel

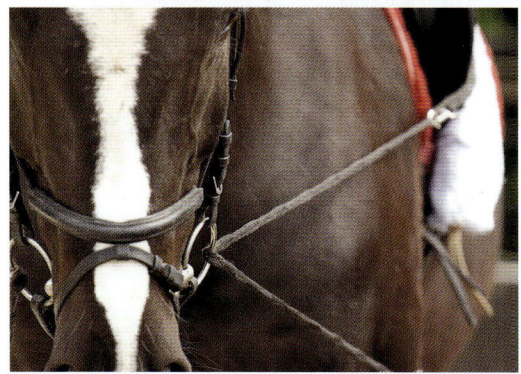

Vom Gurt durch den Gebissring zurück zum Gurt, so werden Laufferzügel verschnallt.

Bezeichnung	Beschreibung	Hinweise
Ausbinder mit Ring 	*Der Ausbinder wird mit dem einen Ende am Gebissring und dem anderen Ende am Gurt befestigt.*	− *Gibt durch den Gummiring nach, kein korrektes Abstoßen möglich* − *Gummiring ist schwer und produziert in der Bewegung »Schläge« im Ausbinder* + *Gute seitliche Begrenzung* + *Lässt eine Abwärtsbewegung des Kopfes zu* − *Kein Vorwärtsbewegen des Kopfes möglich*
Ausbinder ohne Ring 	*Der Ausbinder wird mit dem einen Ende am Gebissring und dem anderen Ende am Gurt befestigt.*	+ *Starre Verbindung* + *Gute seitliche Begrenzung* + *Lässt eine Abwärtsbewegung des Kopfes zu* − *Kein Vorwärtsbewegen des Kopfes möglich*
Verknotete Zügel 	*Die Zügel werden an der Mittelschnalle getrennt und verlaufen vom Gebissring links bzw. rechts zum Gurt und werden dort festgeknotet.*	− *Keine gezielte, eindeutige Längeneinstellung* + *Starre Verbindung* + *Gute seitliche Begrenzung* + *Lässt eine Abwärtsbewegung des Kopfes zu* − *Kein Vorwärtsbewegen des Kopfes möglich*

Bezeichnung	Beschreibung	Hinweise

Stoßzügel

Der Stoßzügel wird an einer Longierbrille am Gebiss eingehakt und zwischen den Vorderbeinen am Bauchgurt befestigt.

- - *Keine seitliche Begrenzung*
- - *Kopf wird heruntergezogen*
- - *Pferd müsste sich nach oben abstoßen entgegengesetzt zur gewünschten Vorwärtsabwärts-Haltung*
- - *Pferd kommt mit dem Kopf zu tief, läuft auf der Vorhand*

Schlaufzügel

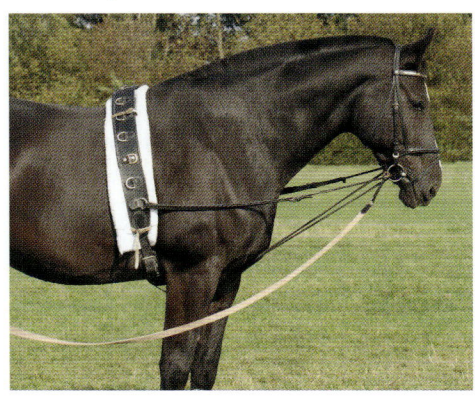

Beim Schlaufzügel wird das eine Ende zwischen den Vorderbeinen am Bauchgurt befestigt. Von dort läuft er durch die Gebissringe jeweils links und rechts seitlich zum Gurt.

- + *Pferde werde in Vorwärts-Abwärts-Haltung gebracht*
- - *Bei kurzer Verschnallung werden die Pferde nach unten gezogen/gezwungen*
- - *Keine Anlehnung möglich, wenn das Pferd sich abstößt gleitet der Zügel durch den Trensenring und gibt nach unten nach*
- - *Pferd kommt mit dem Kopf zu tief, kommt hinter die Senkrechte, läuft auf der Vorhand*

Laufferzügel

Der Laufferzügel wird jeweils links und rechts als seitliches Dreieck vom Gurt über den Gebissring wieder zum Gurt geschnallt.

- + *Herantreten an das Gebiss ist möglich/wird dem Pferd erleichtert*
- + *Zügel gleiten durch die Trensenringe und ermöglichen ein Vorwärts-abwärts-Dehnen*
- + *Vielseitig anwendbar*
- + *Gute seitliche Begrenzung*

Bezeichnung	Beschreibung	Hinweise
Halsverlängerer 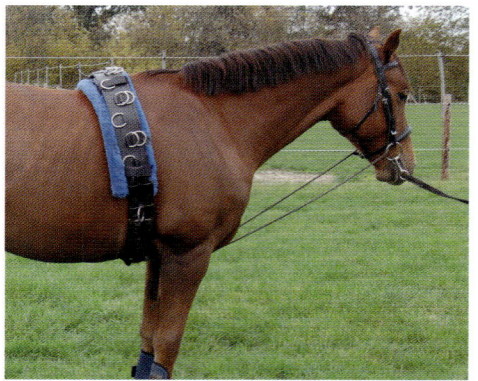	Eine Gummischnur wird über das Genickstück gelegt, links und rechts durch die Trensenringe gefädelt und am Bauchgurt zwischen den Vorderbeinen befestigt.	- Keine Anlehnung möglich - Es entsteht Druck auf das Genick und das Maul. - Wenn das Pferd den Kopf hebt, entsteht Druck, das Pferd weicht rückwärts-einwärts aus, rollt sich auf oder es reagiert mit Gegendruck und erkennt, dass der Zügel nachgibt. (Das Pferd erlernt das »Zügel-aus-der-Hand-Reißen«.) - Keine seitliche Begrenzung
HO Hilfszügel 	Der einteilige Zügel wird zunächst über den Widerrist/Rücken gelegt, die Enden verlaufen senkrecht am Bauch entlang und werden dann zwischen den Vorderbeinen hindurch zu den Gebissringen geführt.	- Keine Anlehnung möglich - Pferd kommt mit dem Kopf zu tief, läuft auf der Vorhand - Bei kurzer Verschnallung werden die Pferde nach unten gezogen/gezwungen - Keine seitliche Begrenzung - Die Länge variiert ziellos, wenn das Pferd den Kopf seitlich bewegt
Martingal 	Das Martingal besteht aus einem Halsriemen, der einen weiteren Riemen hält, der zwischen den Vorderbeinen am Bauchgurt verschnallt ist und mit zwei Ringen endet. Durch diese Ringe werden die Zügel gefädelt und am Gurt oder am Sattel befestigt.	- Starre Verbindung durch Zügel - Seitliche Begrenzung durch Zügel + Zügel lässt eine Abwärtsbewegung des Kopfes zu - Kein Vorwärtsbewegen des Kopfes durch Zügel möglich - Starke Hebelwirkung durch Martingalringe - Pferd kommt mit dem Kopf zu tief, zu eng und läuft auf der Vorhand

Bezeichnung	Beschreibung	Hinweise

Chambon

Es besteht aus einem Riemen zwischen den Vorderbeinen vom Gurt Richtung Kopf und aus einem kurzen Genickaufsatz mit zwei Ringen, der über die Trense geschnallt wird. Als Verbindung dient ein Seil, dessen Enden links und rechts durch die Ringe vom Genickaufsatz gefädelt werden und dann in die Trensenringe eingehakt werden.

Nur als vorübergehender Korrekturzügel anzuwenden! Wenn das Pferd den Kopf hebt, entsteht Druck auf das Genick und das Maul. Das Pferd empfindet dies als unangenehm und muss den Kopf abwärts strecken, damit der Druck aufhört. Wenn es den Kopf senkt, ist das Chambon ohne Wirkung.
- Lefzen werden nach oben gezogen.
- Keine Anlehnung möglich
- Keine seitliche Begrenzung

Macht als Korrekturzügel nur Sinn, wenn zusätzlich ein Ausbinder angelegt wird, der eine Anlehnung ermöglicht und seitliche Begrenzung bietet.

Gogue

Es besteht aus einem Riemen zwischen den Vorderbeinen vom Gurt Richtung Kopf und aus einem kurzen Genickaufsatz mit zwei Ringen, der über die Trense geschnallt wird. Verbindung sind zwei Seile, die vom Riemen aus links bzw. rechts dreiecksförmig durch die Ringe vom Genickaufsatz, dann durch die Trensenringe gefädelt, wieder zum Riemen eingehakt werden.

Nur als vorübergehender Korrekturzügel anzuwenden! Wenn das Pferd den Kopf hebt, entsteht Druck auf das Genick und das Maul. Das Pferd empfindet dies als unangenehm und muss den Kopf abwärts strecken, damit der Druck aufhört. Wenn es den Kopf senkt, ist das Gogue ohne Wirkung.
- Keine Anlehnung möglich
- Keine seitliche Begrenzung

Macht als Korrekturzügel nur Sinn, wenn zusätzlich ein Ausbinder angelegt wird, der eine Anlehnung ermöglicht und seitliche Begrenzung bietet.

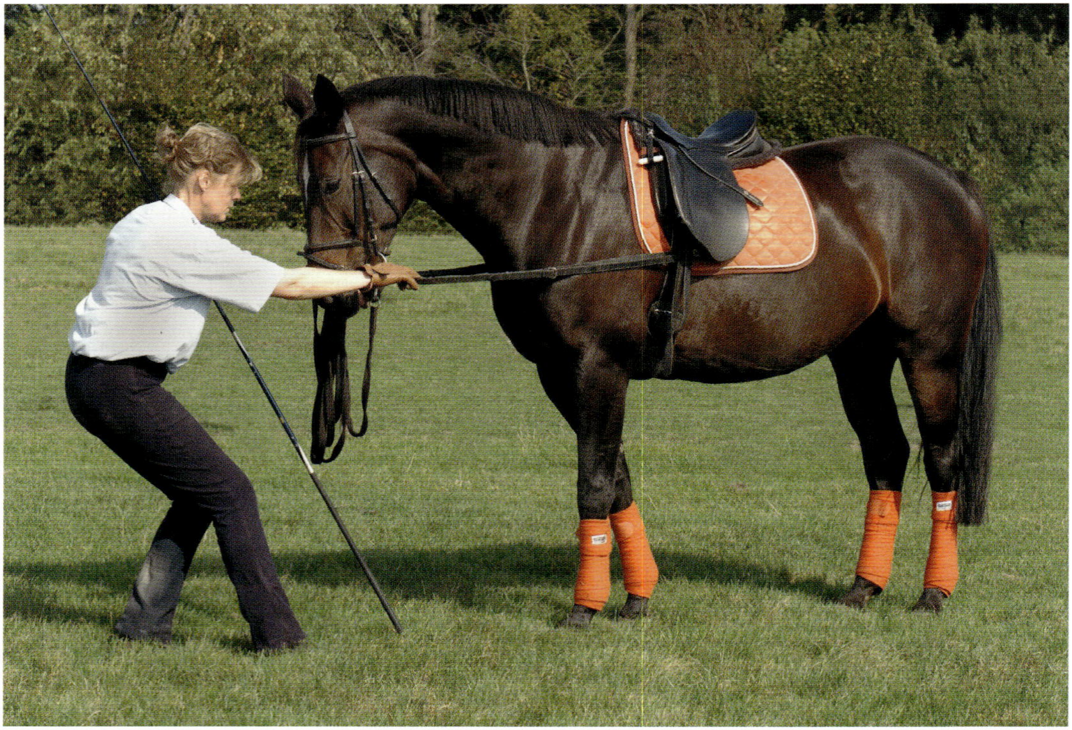

![Vor dem Pferd stehend wird geprüft, ob die Hilfszügel an beiden Seiten gleich lang verschnallt sind.]

Vor dem Pferd stehend wird geprüft, ob die Hilfszügel an beiden Seiten gleich lang verschnallt sind.

austangiert werden, bis beide Zügel gleich lang sind. Wichtig ist, die Probe, ob Hilfszügel lang genug sind, dem Pferd zu ermöglichen, die Stirn-Nasen-Linie leicht vor der Senkrechten zu tragen.

Die Verschnallung der Hilfszügel in Höhe und Länge ist letztlich auch Erfahrungssache. Das richtige Maß zeigt sich in der Bewegung. Grundsätzlich müssen die Hilfszügel für die Arbeit im Schritt so lang verschnallt sein, dass das Pferd schreiten kann. Die natürliche Nickbewegung

»pendelnd« einer liegenden Acht ähnlich muss gewährleistet sein.

Die Stellung des Pferdes darf durch die Verschnallung nicht behindert werden. Die Hilfszügel haben innen und außen die gleiche Länge. Durch die Längsbiegung des Pferdes entsprechend der Zirkellinie steht der äußere Hilfszügel an, der innere hängt bei korrekter Stellung leicht durch. In korrekter Dehnungshaltung befindet sich die Maulspalte in Höhe des Buggelenkes. Bei

Tipp

Laufferzügel gibt es aus Leder, einer Kombination aus Leder und Kordel oder nur aus Kordelmaterial. Kordelmaterial bietet einige Vorteile. Die Laufferzügel sind leicht und mit wenigen Handgriffen für jedes Pferd individuell einstellbar, außerdem gut waschbar. Im Internet sind sie bei Anbietern von Pferde- und Hundezubehör zu beziehen. Sie können als seitliches Dreieck und gleichlaufend als Ausbinder verschnallt werden.

Um sich für die nächste Longiereinheit merken zu können, mit welcher Einstellung das Pferd gut gelaufen ist, werden die entsprechenden Löcher markiert. Hierzu bietet sich Packband, farbiges Klebeband oder ein Schlüsselanhänger an. In dem Trainingsheft werden die Verschnallung und ihre Wirkung notiert.

Mit Schlüsselanhängern kann man sich prima merken, welche Verschnallung gut gewirkt hat.

der weiterführenden Arbeit muss bei korrekter Aufrichtung das Genick der höchste Punkt sein.

Die Verschnallung und die Arbeit müssen angepasst werden, wenn das Pferd gegen die Hilfszügel geht. Auch, wenn das Pferd sich aufrollt und sich damit den treibenden Hilfen entzieht oder wenn die Hilfszügel durchhängen, müssen sie korrigiert werden. -> VERBESSERUNG DER LOSGELASSENHEIT, ANLEHNUNG

Longierplatz, Wiese oder Halle

Der Boden zum Longieren darf nicht zu hart und nicht zu tief sein – ähnlich wie beim Reiten oder Fahren. Er sollte griffig, also nicht zu rutschig und ohne Stolperfallen sein. Der Ort muss so gewählt werden, dass auf einem Kreisbogen von mindestens 18 m Durchmesser gearbeitet werden kann. Viel kleiner sollte der Platz nicht sein.
-> BASISWISSEN ZUR ANATOMIE

Diese Umrandung ist provisorisch aus Flatterband und Zaunsteckern entstanden.

Tipp

Wer häufig auf einem Reitplatz longiert und sein Pferd sicher an den Hilfen hat, schont den Boden durch Standortwechsel. So verläuft der Longierzirkel nicht an ein und derselben Stelle. Der Boden wird nicht einseitig belastet.

Nicht jeder hat die Möglichkeit, einen fest umrandeten Longierzirkel oder eine Longierhalle zu nutzen. In diesem Fall kann bei Bedarf eine Umrandung aus Flatterband und Zaunsteckern aufgebaut werden. Das Flatterband muss so hoch angebracht werden, dass es vom Pferd erkannt und beachtet wird. Stürmische Pferde können diese Art der Umrandung leicht durchbrechen.

Eine andere Möglichkeit zur Abgrenzung wäre, den Reitplatz in der Mitte mit Hindernismaterial

Dieser Platz ist ideal zum Longieren. Der Durchmesser beträgt mindestens 18 m.

abzutrennen. Sprungständer mit Stangen oder Hindernisfänge eignen sich hierzu. Die drei Bandenseiten des Platzes bieten bei dieser Variante eine sichere Begrenzung und nur zur offenen Seite wird ein vertretbarer Kompromiss mit dem Hindernismaterial gemacht. Wenn die Pferde routiniert an der Longe gearbeitet werden können oder die ganze Bahn als Lektion mit einbezogen wird, erübrigt sich eine Begrenzung.

Die Arbeit mit jungen Pferden in der Ausbildung wird durch eine Begrenzung erleichtert. Gang-artwechsel, Halten und Stehen sind mit Bande einfacher zu üben, als ohne.

Eine offene Fläche zum Longieren kann durchaus positive Nebeneffekte haben. Manche Pferde sind auf einer Wiese oder einem Stoppelfeld aufmerksam und wach, sie konzentrieren sich besser. Ablenkung könnte auch das Ziel einer Übung sein, um Pferde daran zu gewöhnen und sie abzuhärten. Bei der Ortsauswahl ist darauf zu achten, dass prinzipiell konzentriertes, sicheres Arbeiten mit dem Pferd möglich ist.

Große Kreise

Technik des Longierens

4

Große Kreise · Technik des Longierens

Trockenübungen ohne Pferd

Es ist besser, den Umgang mit Longe und Peitsche zu üben, bevor die Arbeit mit und am Pferd beginnt. Der Longenführer muss die Werkzeuge und die Techniken beherrschen. In der Gruppe macht es Spaß, sei es als »Longierer« oder als »Ersatzpferd«, zu üben.

Umgang mit der Peitsche

In der Grundhaltung zeigt die Peitschenspitze nach oben, der Peitschenstock bildet eine 45-Grad-Neigung zum Oberkörper des Longierers, der Peitschenschlag liegt schräg hinter dem Longenführer. Wenn der Longenführer sich dreht, schleift der Schlag in einem Kreisbogen auf dem Boden. Zur Übung wird die Peitsche aus dem Handgelenk von der Grundhaltung ausgehend gesenkt und der Schlag zielgerichtet bewegt. Treffsicherheit wird mit einer alten Konservendose geübt. Die Stockspitze wird in Richtung der Dose geschlagen und weist so lange auf das Ziel, bis der Schlag auftrifft. Zischen und Knallen müssen vermieden werden. Das Pferd soll nicht auf das Geräusch, sondern auf die Berührung reagieren.

Treffer. Das genaue Zielen wird mit einer Konservendose geübt.

Die Longe geordnet aufnehmen

Eine geordnete Longe ist Voraussetzung für die sichere Handhabung und korrektes Longieren. Um sie erstmals zu ordnen, liegt die Longe zunächst auf dem Boden. Man greift mit der einen Hand in die Sicherheitsschlaufe und bildet mit der anderen Hand die erste Schlaufe. Sie wird von vorne nach hinten verlaufend in die nach oben weisende Handfläche gelegt. Die Schlaufe reicht bis kurz unter das Knie des Longenführers. Der Daumen wird obenauf gelegt und verhindert ein Verrutschen. Die anschließenden Schlaufen werden kürzer aufgenommen als die vorigen und gleichmäßig übereinander gelegt. Am Ende fallen alle Schlaufen wasserfallartig zu einer Seite herunter. Auf diese Weise verheddern sie sich nicht. Wenn die Longe weggehangen wird, kann das Ende mit der Schnalle einige Male um den oberen Teil der Longe gewickelt werden. Das Endstück wird durch den abgetrennten Teil geführt. So ist sie für den nächsten Einsatz bereit.

Umgang mit der Longe

Für die nächsten Übungen wird die Longe an einem Zaun, Holzpferd, der Stalltür oder Ähnlichem befestigt. Für das Longieren auf der rech-

Die erste Schlaufe wird zwischen Zeigefinger und Mittelfinger gelegt. Dann werden die Schlaufen in die nach oben weisende Handfläche übereinander gelegt.

Ordentlich aufgewickelt ist die Longe für den nächsten Einsatz griffbereit.

ten und der linken Hand wird geübt, die Longe richtig zu halten, zu verkürzen, zu verlängern und aufzunehmen. Das ganze Programm ohne Pferd ganz in Ruhe. -> TECHNIK

Longen- und Peitscheneinsatz üben

Die Longe wird bei dieser Übung nicht festgebunden, sondern ein Läufer spielt »Ersatzpferd«. So wird das Training für den Longierer realistischer. Das Herauslassen der Longe und der Handwechsel mit der langen Teleskoppeitsche in der Hand können sehr gut nachgestellt und geübt werden.

Techniken

Bevor detailliert die Handhabung beim Longieren beschrieben wird, sind zwei Begriffe zu klären. Der Arm, der der Vorhand des Pferdes zugewandt ist, wird im weiteren Verlauf als Vorhandarm bezeichnet. Der andere Arm des Longierers wird dementsprechend als Hinterhandarm bezeichnet. Damit ist die Erklärung der Technik unabhängig von der Hand, auf der longiert wird.

In der Grundhaltung steht der Longierer in der Zirkelmitte mit leicht auseinander gestellten Beinen. Die Knie sind etwas angewinkelt, nicht

Es macht Spaß, Longieren mit mehreren zu üben.

Übung macht den Meister. Am Zaunpfahl wird die Longe angebunden. Dann wird der Umgang mit der Longe und der langen Teleskoppeitsche in Ruhe, ohne Pferd geübt.

durchgedrückt. Er steht entspannt und locker. Die Peitsche ist im Hinterhandarm. Dieser ist mit dem Ellenbogen leicht an der Hüfte angelehnt und so gewinkelt, dass der Peitschenstock schräg nach oben zeigt. Die Longe ist im Vorhandarm. Dieser ist so angewinkelt, dass Ellenbogen, Longenhand und Gebissring eine Linie bilden.
-> HILFEN

Die einzelnen Techniken während der Longenarbeit erfordern Peitschen- und Longenhaltungen, die von der Grundhaltung abweichen. Ist der korrekte Umgang mit Longe und Peitsche Routine, kann der Longenführer mit wenigen Handgriffen in jeder Situation einwirken. Die Arbeit am Pferd wird einfach und ungefährlich, ohne Verheddern in der Longe oder Stolpern über die Peitsche.

Herauslongieren

Voraussetzung für das Herauslongieren ist die geordnete Longe. Sie kann auf vier verschiedene Arten in der Hand liegen. Dies ergibt sich je nachdem, ob sie in der linken oder rechten Hand geordnet wurde und ob nun links oder rechts herum herauslongiert werden soll.

Schritt 1: Man beginnt im Zirkelmittelpunkt, befestigt die Longe am Gebiss und nimmt die Peitsche in Grundhaltung in den Hinterhandarm.
Schritt 2: Die Longe wird ebenfalls in die Hand des Hinterhandarms übergeben. Wichtig ist, sie so in die Hand zu legen, dass die Schlaufen der Longe wasserfallartig in Richtung Vorhandarm herunterfallen.

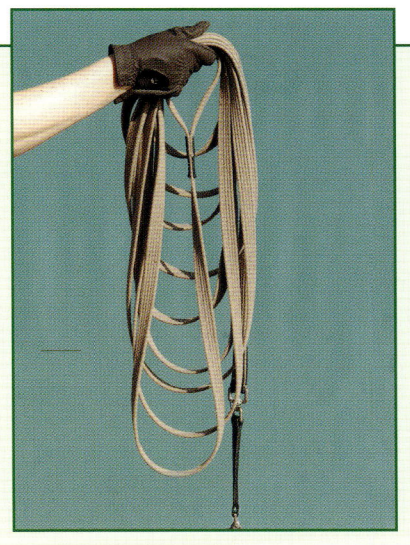

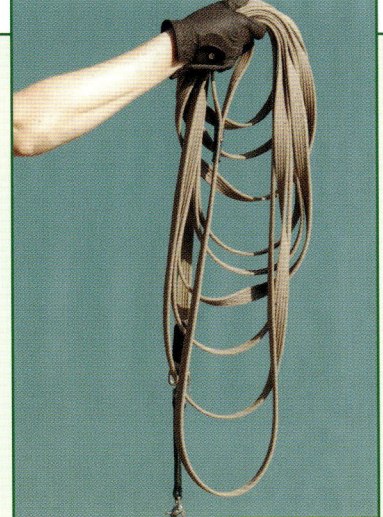

Longe in der rechten Hand, die Schlaufen nach links fallend und die Schnalle ist nach vorne gerichtet.

Longe in der rechten Hand, die Schlaufen nach links fallend und die Schnalle ist zu uns gerichtet.

Longe in der linken Hand, Schlaufen nach rechts fallend, die Schnalle ist zum Longierer gerichtet.

Longe in der linken Hand, die Schlaufen nach rechts fallend und die Schnalle weist nach vorne.

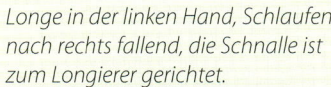

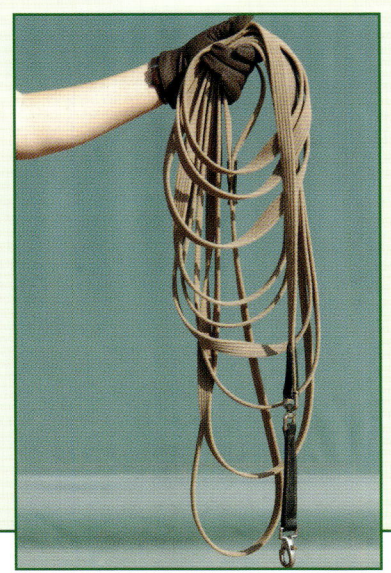

Fotos rechts: Herauslongieren: Die Peitsche und die Longe befinden sich in der Hand des Hinterhandarms. Die Hand des Vorhandarms reguliert das Herausgleiten der Longe.

Schritt 3: Der Vorhandarm greift mit nach oben gerichteter Handfläche unter die Longe, die im Hinterhandarm liegt.

Schritt 4: Der Longierer tritt einen Schritt seitlich in Richtung Kruppe. Mit der entsprechenden Hilfengebung wird im Schritt anlongiert.

-> ZUSAMMENWIRKEN DER HILFEN

Sobald das Pferd antritt, weist der Vorhandarm vorwärts-seitwärts die Richtung. Das Pferd wird zusätzlich mit der Peitschenhilfe herausgetrieben, begleitet durch das Kommando »und-raus«. Der Abstand zwischen Longenführer und Pferd vergrößert sich. Das Pferd benötigt mehr Longe. Die Longe darf zu keinem Zeitpunkt durchhängen. Sie gleitet aus der Hand des Hinterhandarms Schlaufe für Schlaufe heraus. Der Vorhandarm greift unterstützend ein, indem er dies reguliert. Auf diese Weise ist von Anfang an eine sichere und konstante Verbindung zum Pferdemaul gewährleistet. Würden die Schläge herunterfallen oder der Longierer wedelt mit der Longe, stört dies die Verbindung erheblich.

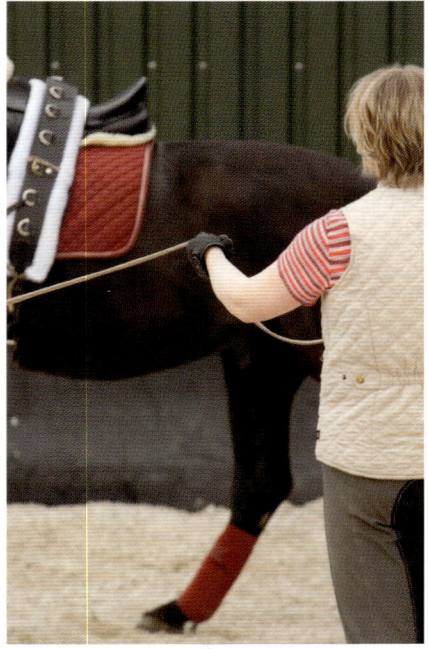

Schritt 5: Bewegt sich das Pferd auf der gewünschten Zirkellinie, bleibt nur noch eine Schlaufe in der Hand des Hinterhandarms übrig. Diese wird in die Hand des Vorhandarms übergeben. Jetzt nimmt der Longenführer die Grundhaltung ein.

Longe halten, verkürzen und verlängern

Die Sicherheitsschlaufe am Ende der Longe wird zwischen Zeige- und Mittelfinger gelegt. Auf diese Weise liegt die Longe jederzeit sicher in der

Herauslongieren: Mit den entsprechenden Hilfen wird das Pferd aus der Zirkelmitte (a) auf die Zirkellinie (b) getrieben.

Hand. Niemals darf die Schlaufe über das Handgelenk gelegt werden, das ist zu gefährlich. Am Ende der Longe behält der Longierer neben der Sicherheitsschlaufe immer mindestens eine Schlaufe in der Hand. Nur so kann immer Longe nachgegeben werden, wenn es die Situation erfordert. Der Daumen in der Longenhand liegt obenauf und verhindert ein ungewolltes Durchgleiten der Longe.

Während der Arbeit kann der Abstand zum Pferd flexibel verändert werden. Zum Longeverkürzen hilft die Peitschenhand. Aus der Grundhaltung heraus greift der Hinterhandarm mit der Peit-

Die erste und letzte Schlaufe reicht ungefähr bis ans Knie. Sie bleibt in der Hand. Aus dieser Position reguliert man die Länge der Longe mit der Hand, in der die Peitsche gehalten wird.

sche in der Hand unter die Longe, bildet eine Schlaufe und legt sie in die Longenhand. Soll das Pferd die Kreislinie erweitern, wird die Longe wieder verlängert. Hierzu lässt man die Longe aus der geöffneten Hand herausgleiten, bis eine Schlaufe fast aufgelöst ist. Damit sie sich nicht um die Longenhand zuzieht, muss die Peitschenhand aus der Grundhaltung heraus unterstützend eingreifen.

Aufnehmen der Longe

Wenn die Arbeit beendet oder unterbrochen werden soll, wird das Pferd auf der Zirkellinie zum Halten gebracht. Der Longierer geht auf das stehende Pferd zu und nimmt dabei die Longe geordnet auf. Das Pferd darf nicht zum Longenführer in die Zirkelmitte kommen. Weder auf Kommando, noch unaufgefordert. Es soll auf der Zirkellinie stehen bleiben, bis der Longenführer es erreicht.

Schritt 1: Das Pferd steht auf der Zirkellinie, der Longenführer befindet sich in Grundhaltung in der Zirkelmitte.

Schritt 2: Die Peitsche wird aus dem Hinterhandarm parallel zur Longe gesenkt, dann unter der Longe durchgeführt und mit der Spitze nach hinten zeigend unter den Vorhandarm geklemmt. Dabei wird das Ende des Peitschengriffs vom Daumen des Vorhandarms gehalten, während die Longe in der Handinnenfläche derselben Hand liegt. Wichtig ist, dass die Peitschenspitze nach oben zeigt und im weiteren Verlauf möglichst ruhig gehalten wird.

Schritt 3: Dann greift der weit vorgestreckte Hinterhandarm mit nach oben weisender Handfläche von unten in die Longe. Geht der Longenführer dabei gleichzeitig einen Schritt auf das Pferd zu, ergibt sich die Möglichkeit, eine Schlaufe zu bilden, die in der geöffneten Hand des Vorhand-

Schritt für Schritt geht der Longierer auf das Pferd zu und nimmt dabei die Longe korrekt auf.

unten von links nach rechts: Von unten greift die Hand des Hinterhandarms unter die Longe und legt beim Vorangehen Schlaufe für Schlaufe in die andere Hand. Die Peitsche ist unter den Vorhandarm geklemmt und wird mit dem Daumen gehalten. Am Pferd angekommen, wird sie am Oberkörper angelehnt.

arms abgelegt wird. Anschließend wird die Longe erneut ergriffen und der Longierer macht wieder einen Schritt nach vorne und legt die nächste, etwas kleinere Schlaufe ab. Dies wiederholt sich, bis der Pferdekopf erreicht ist.

Handwechsel

Für einen korrekten Handwechsel hält der Longenführer das Pferd auf der Zirkellinie an und nimmt wie oben beschrieben die Longe geordnet auf, indem er auf das stehende Pferd zugeht.

Schritt 1: Dort angekommen führt er den Hinterhandarm, mit dem gerade die Longenschläge eingeholt wurden, hinter den Rücken. Der Peitschenstock wird hinterrücks ergriffen und die Peitsche nach vorne geholt.
Schritt 2: Die Peitsche wird vor dem Körper an die Schulter gelehnt und am Boden abgestellt. Eine Hand ist frei, um das Pferd zu loben und die Longe umzuschnallen.
Schritt 3: Anschließend wird das Pferd in einem großen Bogen in die Zirkelmitte geführt.
Schritt 4: Die Peitsche wird wieder vor dem Körper abgestellt. Beim ersten Handwechsel wird in dieser Situation nachgegurtet. Im Anschluss wird bei dieser Gelegenheit die Ausrüstung kontrolliert oder die Verschnallung der Hilfszügel geändert.
Schritt 5: Das Pferd wird im Schritt auf die neue Hand herauslongiert.

links oben: Die Peitsche wird unter der Longe hindurchgeführt und an den Vorhandarm übergeben. Dann wird die Longe aufgenommen.

links unten: Nach dem Aufnehmen der Longe wird die Peitsche vom Hinterhandarm hinterrücks gegriffen und nach vorne geholt.

Handwechsel:
(a) Das Pferd wurde auf der Zirkellinie zum Halten gebracht und in die Mitte des Zirkels geführt. (b) Von dort wird es herauslongiert, bis es (c) die Zirkellinie erreicht hat.

Die Hilfen

Körperhilfen

Die Körperhilfe beim Longieren knüpft an das korrekte Führen und Wegschicken an. Die Position zum Pferd ist von großer Bedeutung: Kommt der Körper eher vor das Pferd, wirkt man auch hier bremsend oder versammelnd. Mehr in Richtung Hinterhand wirkt man treibend und in der Mittelposition eher neutral.

Ein Pferd, das Vertrauen zum Menschen hat, kann und wird seine innere und äußere Zufriedenheit erreichen. Damit das Pferd als Herdentier sich entschließt, den Menschen als ranghöher zu akzeptieren, ist ein bewusstes, sicheres, ruhiges und souveränes Auftreten in der Zirkelmitte Voraussetzung. Grundsätzlich steht der Longenführer aufrecht, aber locker in der Zirkelmitte. Kleinste Veränderungen in der Haltung des Oberkörpers und der Arme werden vom Pferd wahrgenommen. Ist der Longenführer angespannt, überträgt sich dies auf das Pferd. Steht er mit seinem Oberkörper sehr offen und »angreifend«, erweckt er bei einem sensiblen Pferd eventuell Fluchtinstinkte. Bleibt der Longenführer locker oder macht er sich kleiner, nimmt er den Druck raus und vermittelt dem Pferd eher Ruhe.

Das Pferd registriert nicht nur die Körperhaltung, sondern auch jede Bewegung des Longenführers. Für das Pferd ist es von Bedeutung, wie der Longenführer sich in der Mitte um die eigene Achse bewegt. Er kann sich mit kleinen Schritten nach vorn oder nach hinten um sein Standbein drehen. Im ersten Fall begegnet er dem Pferd dominant und im zweiten Fall eher unterwürfig. Aufmerksame Pferde nehmen diese Körpersignale wahr.

Positionen beim Longieren

1 Neutral
Mensch: *in der Zirkelmitte*
Dreieck aus Peitsche, Longe und Pferd
Peitsche: *entsprechend Hilfengebung*

2 Bremsend
Mensch: *bewegt sich schräg vor das Pferd*
Peitsche: *entsprechend Hilfengebung,
evtl. vor das Pferd*

3 Treibend
Mensch: *schräg hinter dem Pferd*
Peitsche: *entsprechend Hilfengebung*

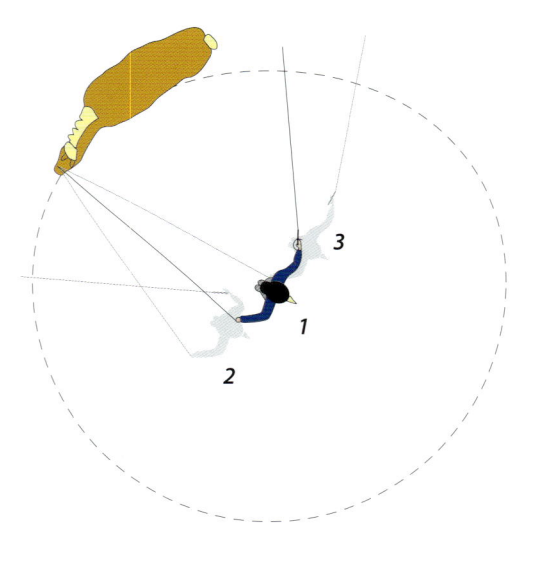

Man muss also darauf achten, wie man sich im Zirkel positioniert, verhält und bewegt.

Longenhilfen

Longe, Handrücken und Unterarm bilden eine Linie, Unterarm und Oberarm einen rechten Winkel neben dem Körper. Ellenbogengelenk und Schulterpartie sind locker, um eine gleichmäßige, beständige und federnde Verbindung zum Pferdemaul zu ermöglichen.

Durch ein leichtes Kippen der Faust nach oben, ein leichtes Drehen im Handgelenk, manchmal auch durch Zurückführen des Unterarms kann die Longe annehmende, nachgebende, verwahrende und durchhaltende Einwirkung haben. Spürt man die Verbindung zum Pferdemaul durch einen leichten Zug in der Longenhand, spricht man von einer verwahrenden Einwirkung. Entsteht ein deutlicher Zug oder Druck, geht das Pferd gegen die Longenhand, wirkt die Longe also durchhaltend ein. Eine Bewegung der Hand, die den Druck kurz verstärkt und einen Impuls durch die Longe ans Pferdemaul überträgt, ist eine annehmende Longenhilfe. Jeder annehmenden Longenhilfe folgt direkt eine nachgebende. Dabei wird sacht der Druck verringert, ohne die Verbindung aufzugeben.

Stimmhilfen

Die Stimme ist, um auf die Entfernung einzuwirken, sehr wichtig. Pferde erlernen Wörter als Kommandos für unterschiedliche Anforderungen. Dabei ist eine kurze und eindeutige Wortwahl wichtig. Durch Veränderung im Tonfall und in der Akzentuierung kann die Stimme grundsätzlich beruhigend, auffordernd, strafend und lobend eingesetzt werden. Wird die letzte Silbe eines Kommandos in der Tonlage höher ausge-

Unterarm, Handgelenk und Longe bilden eine Linie.
Die Longe steht weich an und hängt nicht durch.

sprochen, hat dies eine auffordernde, beschwingende Wirkung. Wird die letzte Silbe hingegen tiefer ausgesprochen und werden die Vokale lang gezogen, hat das Kommando eine beruhigende, verlangsamende Wirkung. In der Vorstellung sind die Kommandos mit einem dicken Ausrufezeichen versehen. Dabei ist nicht die Lautstärke von Bedeutung, sondern die Akzentuierung. Pferde hören sehr gut, bis zu 10-mal besser als wir Menschen, darum genügt die normale Lautstärke, um mit dem Pferd zu kommunizieren. Es ist wichtig, stets einheitliche, kurze Kommandos zu verwenden. Es hilft nichts, Pferden Geschichten zu erzählen. So hört man manchmal »lass das bitte« oder »ich habe dir gesagt, du sollst jetzt still stehen«. Konsequenz zu Beginn der Ausbildung ist der Schlüssel zum Erfolg. In der folgenden Tabelle finden Sie sinnvolle Vorschläge und Platz, um Ihr Kommando notieren zu können.

Peitschenhilfen

Die Peitsche ist der verlängerte Arm, der das Pferd einrahmt. Durch ihre Position sendet sie Signale oder sie wirkt direkt touchierend ein. Der Winkel des Peitschenstocks zur Longe, die Höhe, in der sie in Richtung Pferd angehoben oder ge-

Vokabeln im Umgang mit Pferden

Kommandovorschläge	Mein Kommando	Anwendung
und/pass auf/ Pferdename		Vorbereiten, Aufmerksamkeit vor einer Aufgabe verlangen
braav		Lob
nein		hör mit dem auf, was du gerade tust
herum oder rum		beim Putzen, wenden auf engem Raum
zurück		rückwärts gehen
raus		zum Wegschicken, Herauslongieren, Zirkelverlagern und -vergrößern
steh		bleib stehen
schscht-eeh		komm zum Stehen
Sche-ritt		vom Halten zum Schritt
Schscheeeritt		von höherer Gangart zum Schritt
Te-rab		von niedriger Gangart zum Trab
Teeerab		vom Galopp zum Trab
Ga-lopp		von niedriger Gangart zum Galopp
Schnalzen/vorwärtsss		innerhalb einer Gangart fleißiger
Brrt/sch,sch/Ruuuhe		innerhalb einer Gangart ruhiger

senkt wird und die Bewegung des Schlages sind von Bedeutung. Die Peitsche kann verwahrend, vorwärts- und vorwärts-seitwärts-treibend, verhaltend bis bremsend, drohend und strafend eingesetzt werden (siehe Seiten 58+59). Das Pferd muss die Peitsche respektieren. Es sollte keine Angst davor haben. Der Schlag wird bei empfindlichen Pferden anfangs mit in die Hand genommen. Bei faulen und unsensiblen Pferden müssen die treibenden Peitschenhilfen mit Bedacht eingesetzt werden. Die Sensibilität des Pferdes muss erhalten bleiben oder gefördert werden. Daher ist die Dosierung der Peitschenhilfe individuell anzupassen. Das Ziel ist, mit so wenig Peitscheneinsatz wie nötig auszukommen.

Die Abfolge der treibenden Peitschenhilfe ist wichtig:

Stufe 0: Die Peitsche befindet sich in Grundhaltung.

Stufe 1: Der Peitschenstock wird auffordernd ein wenig gesenkt.

Stufe 2: Der Peitschenstock wird ein wenig gesenkt. Mit Nachdruck wird der Peitschenschlag so nach vorne geschwungen, dass er ca. 3 Meter hinter dem Pferd auf den Boden fällt. Man stelle sich vor, dass ein weiteres Pferd direkt hinter dem Pferd herläuft, das mit dem Peitschenschlag am Hinterbein getroffen werden soll.

Stufe 3: Ein deutlicheres Senken der Peitsche erfolgt und der Peitschenschlag landet verwarnend kurz hinter dem Pferd.

Stufe 4: Dem Peitschesenken folgt das bewusste Touchieren in einer der Zonen.

Stufe 5: Einem Peitschesenken folgt ein Strafen in Form eines stärkeren und mehrmaligen Touchierens des Pferdes.

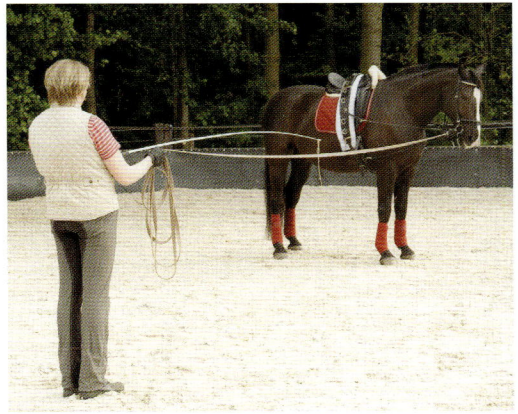

Durch die verhaltende Peitschenhilfe und das Kommando »Steh« bleibt das Pferd geschlossen und ruhig stehen.

Touchierzonen und Reflexpunkte

Touchieren bedeutet berühren. Die Stärke des Peitschenschlags muss von leicht bis stark dosiert werden. Wird das Pferd an der Schulter oder im Bereich kurz hinter dem Gurt, am Bauch, touchiert, hat dies eine vorwärts-seitwärts treibende Wirkung. Also nach außen. Die Touchierzonen an der Hinterhand haben vom Kniegelenk aufwärts eine vorwärtstreibende Wirkung. In diesem Bereich befinden sich Reflexpunkte am Sitzbeinhöcker und an der Hinterbacke, die das Pferd anregen, mehr vorwärts zu gehen (siehe Abbildung Seite 60).

An der Fessel, am hinteren Röhrbein unterhalb des Sprunggelenks und an der Achillessehne oberhalb des Sprunggelenks befinden sich ebenfalls Reflexpunkte. Diese veranlassen das Pferd eher, die Hanken zu beugen und die Füße mehr in Richtung unter den Schwerpunkt anzuheben.

Peitschenhilfe: verwahrend/ Grundhaltung

Peitschenhilfe: treibend

Peitschenhilfe: verhaltend

Peitschenhilfe: bremsend

Peitschenhilfe: drohend

Peitschenhilfe: strafend

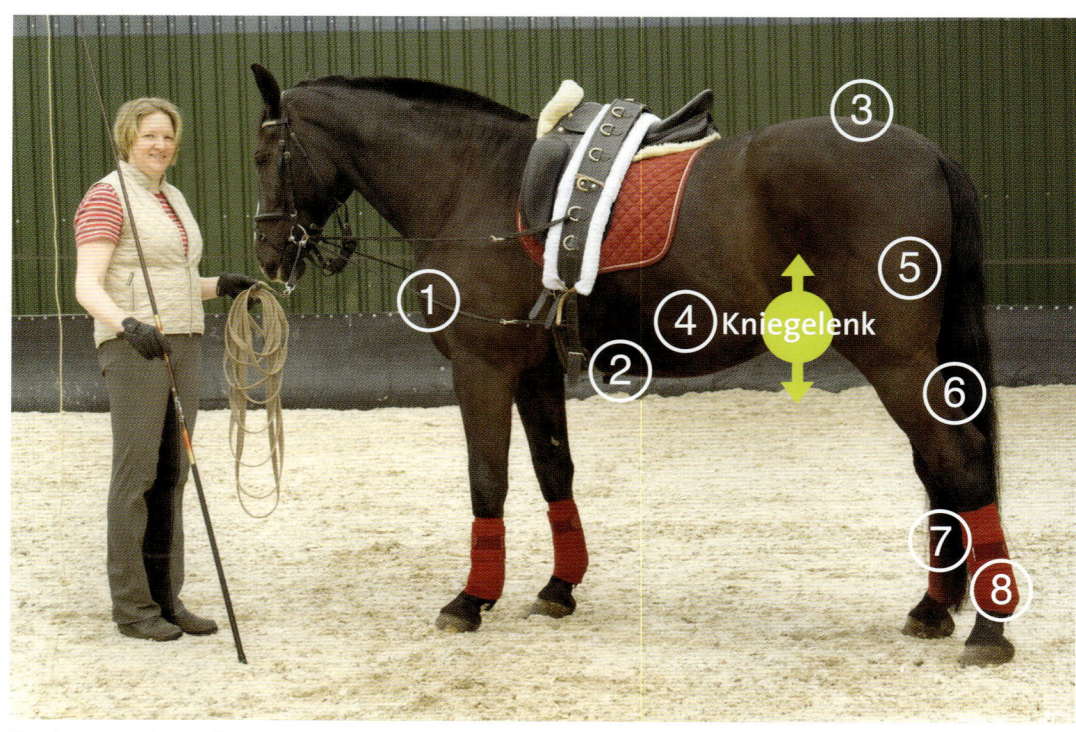

Touchierzonen beim Pferd: 1 – Schulter · 2 – am Gurt · 3 – Kruppe · 4 – Kniegelenk: Oberhalb des Kniegelenkes wirken die Hilfen treibend und strafend. Unterhalb regen sie zu vermehrtem Untertreten an. · 5 – hinterer Oberschenkel · 6 – über dem Sprunggelenk · 7 – Hinterröhre · 8 – Fesselgelenk

Zusammenspiel der Hilfen

Pferd und Mensch müssen eine gemeinsame Sprache erlernen. Nur so können sie sich verstehen. Die Hilfen und Hilfsmittel sind das, womit sich Menschen und Pferde verständigen. Der Reiter hat eine direkte Verbindung zum Pferd über Sitz, Schenkel, Gewicht und Zügel. Der Fahrer nutzt die Peitsche, die Leinen und die Stimme, um über eine Distanz vom Kutschbock auf sein Pferd einwirken zu können. Beim Longieren sind Peitsche, Stimme und Longe die eingesetzten Hilfen. Hinzu kommt die Körpersprache.

Durch das Zusammenspiel der Hilfen sendet der Longenführer dem Pferd Signale für verschiedene Aufgaben. Erzielt der Longenführer mit seiner Hilfengebung keine oder nicht die erwünschte Reaktion, muss er nach der Ursache suchen. Es gibt zwei Möglichkeiten: Das Pferd konnte oder wollte ihn nicht verstehen. Im ersten Fall liegt der Fehler in der Hilfengebung. Im zweiten Fall war das Pferd nicht aufmerksam oder es war sogar ungehorsam. In beiden Fällen wird die Hilfengebung wiederholt und erst bei erneuter Verweigerung verstärkt oder strafende Maßnahmen setzen ein.

Hilfengebung muss:

- **eindeutig sein. Gleiche Hilfen für gleiche Übungen.**
- **richtig dosiert sein. Stets der Situation angepasst.**
- **konsequent gegeben werden. Der Longenführer muss mit seiner Aufforderung ans Ziel kommen, die gewünschte Veränderung erreichen.**
- **vom Timing stimmen. Im richtigen Moment erfolgen, die einzelnen Hilfen müssen zeitgleich ausgeführt werden.**

Hilfengebung zur Vorbereitung

Ähnlich wie beim Reiten oder Fahren wird das Pferd auf die bevorstehende Aufgabe aufmerksam gemacht.

Stimme: »Pass auf!«, »Und« oder »Pferdename«
Longe: es erfolgt ein leichtes Annehmen und Nachgeben
Peitsche: befindet sich in Grundhaltung, der Schlag wird einmal leicht nach vorn bewegt

Hilfengebung zur Veränderung der Gangart

Das Pferd soll beim Gangartwechsel nach oben vom Fleck weg antreten oder angaloppieren.

Schritt 1: Hilfengebung zur Vorbereitung
Schritt 2:
Stimme: aufforderndes Kommando, in zweiter Silbe Tonfall anheben
Longe: verwahrend, sichere Verbindung haltend, im Moment des Antretens nachgebend einwirken

Peitsche: treibend, aus der Grundstellung hinter dem Pferd senken (Stufe 1 oder 2)
Schritt 3: Ist das Pferd in der gewünschten Gangart, wird die Peitsche wieder in Grundhaltung genommen. Reagiert das Pferd nicht, wiederholt man die gesamte Hilfengebung.

Für den Gangartwechsel nach unten muss der Longenführer beruhigend und gleichzeitig energisch einwirken. Der Übergang in die andere Gangart soll harmonisch und fließend sein. Damit ist gemeint, dass das Pferd nicht abrupt beim Bremsen auf die Vorhand fallen soll. Vielmehr ist gewünscht, dass es beim Durchparieren untertritt. Dies setzt voraus, dass das Pferd gut vorbereitet wird und an den Hilfen steht.

Schritt 1: Hilfengebung zur Vorbereitung
Schritt 2:
Stimme: beruhigendes Kommando, Stimme in zweiter Silbe senken
Longe: annehmen und nachgeben
Peitsche: von der Grundstellung her auf Höhe der Hinterhand mit treibender Wirkung senken oder notfalls mit mehr verhaltender bis bremsender Wirkung näher an der Longe senken.
Schritt 3:
Ist das Pferd in der gewünschten Gangart, wird die Peitsche wieder in die Grundhaltung zurückgenommen.

Reagiert das Pferd nicht, wiederholt man die gesamte Hilfengebung. Bei erneutem Ungehorsam kann man die Longe ein paar Schläge aufnehmen, die Peitschenhilfe mehr bremsend einsetzen und energisch einige Schritte auf das Pferd zugehen. Das ist eine Drohung. Die absolute Notbremse ist das Ausbremsen an der Begrenzung mit vorgehaltener Peitsche vor dem Kopf.

Hilfengebung
zur Veränderung des Tempos

Das Wechseln des Tempos im Trab oder Galopp erfordert eine sehr fein abgestimmte Hilfengebung, damit das Pferd sie nicht mit einem Gangartwechsel verwechselt und ungewollt angaloppiert bzw. in den Schritt oder Trab fällt.

Beim Zulegen soll das Pferd den Rahmen erweitern. Dabei darf es nicht eilen, es geht vielmehr um das energische Antreten, das aktivere Bewegen und Abfußen der Hinterbeine.
Schritt 1: Hilfengebung zur Vorbereitung

Schritt 2:
Stimme: schnalzen oder »vorwärts!«
Longe: verwahrend, sichere Verbindung halten, ggf. nachgebend
Peitsche: treibend, aus der Grundhaltung weit hinten senken

Beim Einfangen soll das Pferd bei aktiver Hinterhand das Tempo zurücknehmen.
Schritt 1: Hilfengebung zur Vorbereitung
Schritt 2:
Stimme: kurzes, scharfes »br, br!« oder »sch-sch!
Peitsche: verwahrend, zur Not bremsend
Longe: mehrmals annehmen und nachgeben

Die Notbremse: Durchparieren zum Halten mit Peitschen- und Körperhilfe an die Begrenzung.

5

Erste Schritte
Anlongieren eines Pferdes

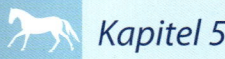
Erste Schritte - Anlongieren eines Pferdes

Gewöhnen an die Ausrüstung

Erste Bekanntschaft

Um ein junges Pferd auf das Longieren vorzubereiten, lernt es zuerst die Trense und den Longiergurt kennen. Wir gewöhnen es langsam und mit Geduld daran. Zunächst zeigen wir dem Pferd alles, berühren es mit Trense, Gurt, Peitsche und Longe und lassen es daran schnuppern.

Beim Putzen kann man beispielsweise einem jungen Pferd schon früh ein Handtuch über den Rücken legen. Das ist eine gute Vorbereitung auf den Gurt, den Sattel oder das Geschirr. Dieser Abschnitt der Gewöhnung erfolgt unabhängig vom Longieren bereits beim täglichen Umgang. Er ist eine wesentliche Voraussetzung für das spätere Gelingen. Bei schreckhaften Pferden macht es Sinn, sie loszubinden und den Strick durch die Halterung in der Wand zu ziehen, sodass nur das Gegenhalten ein Wegstürmen verhindert. Es soll sich nicht in den Strick hängen können.

Schritt 1: Putzen, Handtuch über das Pferd legen, später den Sattel oder den Gurt anlegen, dann im weiteren Verlauf vorsichtig anziehen
Schritt 2: Das Halfter lösen, die Trense auflegen
Ziel: Gelassenheit und Routine beim Anlegen der Gebrauchsgegenstände

Nachdem das Anlegen der Ausrüstung eine Selbstverständlichkeit ist, gehen wir mit dem Pferd zu dem Platz, auf dem wir die Kreise vergrö-ßern und später mit dem Longieren beginnen werden. Der Platz sollte begrenzt sein.
-> LONGIERPLATZ, WIESE oder HALLE

Führen mit Gurt und Trense

Das Pferd wird ausgerüstet mit Gurt und Trense (die Zügel bleiben an der Trense eingeschnallt) auf den Platz geführt. Auf das junge Pferd lässt sich mit Zügeln leichter einwirken. Es wird daran gewöhnt, sich mit den angelegten Ausrüstungsgegenständen in ungewohnter Umgebung ruhig zu bewegen. Beim Führen sind die Zügel korrekt aufgenommen. Das heißt, sie werden über den Hals nach unten aufgenommen. Die rechte Hand hält die Zügel etwa drei Handbreit unter den Gebissringen. Zwei Finger, Zeige- und Mittelfinger, greifen von hinten zwischen den Gebissringen in die Zügel. Auf diese Weise wird verhindert, dass die Gebissringe seitlich an das Maul gedrückt werden. Das Zügelende wird in die rechte Hand unter dem Daumen zu einer Schlaufe gelegt. Das Zügelende kann bei jungen Pferden zur Sicherheit in die linke Hand genommen werden. Auf diese Weise ist der Abstand größer, wenn es zu Temperamentsausbrüchen kommt.

Einfache Übungen mit Ausrüstung

Mit Trense, Longe und Longiergurt sowie lang verschnallten Hilfszügeln setzen wir die Ausbildung fort. Das Maul der Pferde ist sehr empfindlich und soll feinfühlig bleiben. Aus diesem Grund legen wir anfangs ein Halfter über die

Mit dieser Sollbruchstelle reißt die Verbindung zum Sattel. Material und Pferd kommen so in der Anfangszeit nicht zu Schaden.

Tipp

Pferde, die sich eingeengt fühlen, sei es durch die Hilfszügel oder aus anderen Gründen, können steigen. Mit Hilfszügeln endet das mit Materialschäden oder das Pferd überschlägt sich. Ein Einmachgummi ist eine nützliche »Sollbruchstelle«. Es wird zwischen Hilfszügel und Gurt befestigt und reißt schneller als Leder. Für die ersten Schritte ist dies praktisch, auf Dauer kann darauf verzichtet werden.

Trense. Die Longe wird eingehängt. Auf diese Weise wird das Pferdemaul geschont. In fachkundiger Hand ist in diesem Stadium auch ein Kappzaum sehr gut geeignet. Beide müssen korrekt am Kopf des Pferdes sitzen. Sie dürfen bei Zug nicht verrutschen.

Im weiteren Verlauf der Ausbildung wird die Longe durch den inneren Gebissring und gleichzeitig das Backenstück oder den Nasenriemen verschnallt. Die Verschnallung der Hilfszügel wird lang und tief gewählt. Das Pferd darf sich nicht beengt fühlen.

Wir üben das Anhalten und Stehen sowie das Zurücktreten. Nächstes Ziel ist dann das Wegschicken in der Ecke oder später in der Mitte des Platzes, ohne Begrenzung. Damit ist wieder ein wichtiger Schritt in Richtung Longieren getan.

Anlongieren mit Helfer

Um das junge Pferd auf den Kreis zu schicken, verwenden wir Laufferzügel, einen Longiergurt und die kurze Teleskoppeitsche mit einer Länge von ca. 2,20 m und einem gleichlangen Schlag. Diese ist handlicher als die große Teleskoppeitsche, die später zum Einsatz kommt.

Damit es nicht rund geht, sondern ruhig und gelassen der Radius vom Wegschicken vergrößert wird, ist für die nächsten Schritte ein Helfer wichtig. Dieser Helfer sagt nichts, er verhält sich neutral. Er darf dem Pferd keinerlei Aufmerksamkeit abverlangen oder es ablenken.

Der Longenführer gibt die Hilfen für das Wegschicken. Auch das Kommando »und-raus« geht von ihm aus. Der Helfer geht außen vom Pferd und führt es, falls notwendig, heraus. So wird der

Kreis langsam, aber sicher größer. Wir beginnen auf der linken Hand. Der linke Arm wirkt wie beim Wegschicken seitwärts-vorwärts-weisend. Die Peitsche zeigt in Richtung Schulter, um das Pferd herauszuschicken. Falls erforderlich, wirkt sie touchierend ein. -> TECHNIKEN
Nach und nach nimmt sich der Helfer mehr und mehr zurück. Er verlängert den Führstrick zunächst zur Seite, geht dann ohne Führstrick schräg hinter dem Pferd mit. Schließlich bleibt er außerhalb des Zirkels auf Abruf stehen.

Ein Hinweis zur Befestigung des Führstricks: Er wird nur durch den Trensenring geführt. Der Helfer hält beide Enden fest. Im Moment des Loslassens hält er nur ein Ende fest. Das andere gleitet durch den Gebissring, wenn das Pferd weitergeht oder davonstürmt. Auf diese Art ist das Pferd zügig und einfach vom Strick befreit, ohne anzuhalten.
Schritt 1: Das Pferd in die Mitte des Longierzirkels führen und dann herausschicken.
Kommando: »und-raus« mit entsprechender Hilfengebung.
Schritt 2: Der Helfer führt falls erforderlich das Pferd an und heraus.
Schritt 3: Der Helfer lässt langsam den Strick durch den Gebissring gleiten.
Schritt 3: Der Helfer bleibt stehen, verlässt den Longierbereich.
Ziel: Das Pferd kann auf der Zirkellinie gehen.

Anlongieren ohne Helfer

In den ersten Übungseinheiten mit jungen Pferden kommt es auf Sicherheit und Ruhe an. Hier darf es keine Verwirrungen (auch keine Verwicklungen) durch die Longe oder die Peitsche geben. ->TROCKENÜBUNGEN FÜR DEN LONGENFÜHRER

Geht das Pferd anfangs nicht in dem gewünschten Tempo und trabt ruhig an, weil es übereifrig ist, muss nicht sofort strafend eingegriffen werden, schon korrigierend. Die ersten Einheiten, vor allem ohne Helfer, haben das Ziel, die Entfernung vom Longierer zum Pferd zu vergrößern und den gesunden Vorwärtsdrang zu erhalten.
Dieser gesunde Eifer kommt dem Longieren in dieser Situation zugute. Vorausgesetzt das Pferd geht vorwärts und nicht unwillig rückwärts oder in den Zirkel. Von daher ist es immer besser, anfangs mit einem Helfer zu arbeiten.

Im Verlauf der weiteren Arbeit darf es keine Ausnahmen geben. Schritt bedeutet Schritt und Trab bedeutet Trab. Jeder Übergang muss vom Fleck weg diszipliniert erfolgen. Falls nicht, wird er wiederholt, das Lob bleibt logischerweise aus. Wild davon stürmende Pferde müssen ausgebremst werden. Der Abstand zum Pferd wird durch Aufnehmen der Longe verkürzt. Mit der Stimme wird es beruhigt. Die klaren Kommandos »Scheeritt« oder »Ruuuhiger« werden gegeben.
Es ist für alle Beteiligten gefährlich, wenn man tatenlos einem herumbuckelnden Pferd zuschaut. Der Longierer muss sofort reagieren. Die Longe wird zügig verkürzt und der Kreis verkleinert. Näher am Pferd und auf kleinerem Kreisbogen ist der Einfluss größer.
Alternativ kann das Pferd gegen die Begrenzung ausgebremst werden. In diesem Fall bewegt sich der Longierer rasch in Richtung vor das Pferd und die Bande. Er verkürzt dabei die Longe.

Von den ersten Führübungen ist dem Pferd klar: Bewegt sich der Mensch in Position schräg nach vorne, sollte es langsamer werden. Wenn das Pferd dann zur Ruhe gekommen ist, beginnt der Longenführer erneut mit der kontrollierten Arbeit.

Lob ist in dieser, wie in jeder Phase der Ausbildung, wichtig. Das Lob kann mit der Stimme erfolgen oder man gönnt dem Pferd eine Schrittpause. Zu viel Lob stumpft wiederum ab. Ein Klopfer am Hals, das Ende der Arbeit oder eine neue Aufgabe machen dem Pferd deutlich, dass es richtig war, was es getan hat. Das erste Etappenziel ist erreicht, wenn das Pferd auf beiden Händen im Kreis geht.

Die Meinungen, wie lange man ein junges Pferd vor der Arbeit unter dem Sattel oder im Wagen longiert, gehen auseinander. Vier Wochen sind ein guter Zeitrahmen. Das Pferd sollte für die nächsten Ausbildungsschritte nicht zu stark gemacht werden. Auf jeden Fall muss mit Geduld und aufmerksamem Blick, der richtige Zeitpunkt für weitere Schritte in der Ausbildung gefunden werden.

Skala der Ausbildung

Nach den ersten Schritten mit dem jungen Pferd, bei denen es zunächst nur darum ging, dass das Pferd im Kreis läuft, beginnt die eigentliche Ausbildung. Nicht nur beim jungen Pferd, auch bei älteren Pferden ist die Arbeit an der Longe sinnvolle Ergänzung zur Arbeit unter dem Sattel oder vor der Kutsche. Sowohl bei der weiteren Ausbildung, als auch in den täglichen Trainingseinheiten ist die Skala der Ausbildung nach den Richtlinien der FN eine gute Richtschnur zur Orientierung für den Ausbilder.

Probleme zum Beispiel in der Anlehnung werden nicht durch Zwang und Hilfsmittel besser. Ein durchlässiges Pferd, das willig mitarbeitet und an den Hilfen steht, ihnen motiviert folgt ist das Ziel. Manchmal muss die Ausbildung einen Schritt zurückgehen, um Lektionen zu festigen und dann erneut fortzufahren. Beim Longieren werden überwiegend die ersten vier Punkte der Ausbildungsskala umgesetzt.

Takt

Takt ist das räumliche und zeitliche Gleichmaß in den drei Grundgangarten in Schritten, Tritten und Sprüngen. Ungleichmäßiger Takt ist bei Pferden erkennbar durch Eilen, Taktfehler, Taktverlust oder gar Lahmheit. Die Ursachen für Taktstörungen müssen erkannt und behoben werden. Es kann sein, dass das Pferd nicht entspannt ist und sich festhält.

Es kommt zu Zügellahmheit, bei zu starker Einwirkung mit der Hand. Andere Pferde kommen aus dem Takt, wenn sie überfordert sind. Krankheiten können ebenfalls ein Grund sein. Der Ursprung für die Störung muss beseitigt und der Takt immer wieder hergestellt werden. Manchmal genügt es, die Anforderungen zu verringern. Im Falle von Krankheiten sollte ein Tierarzt die Ursache finden.

Losgelassenheit

Nur ein Pferd, das in Körper und Geist entspannt ist, kann losgelassen gehen und zu seiner vollen Leistungsbereitschaft und -fähigkeit kommen. So beschreibt es die Lehre der Deutschen Reiterlichen Vereinigung. Wir wissen von uns, dass wir unter Anspannung und bei Stress nicht leistungsfähig und aufnahmebereit sind. Erkennbar wird Losgelassenheit an äußerlichen Merkmalen. Der Schweif pendelt locker. Das Pferd schnaubt ab. Es dehnt sich willig vorwärts-abwärts.

Anlehnung

Die stete, weich federnde Verbindung zwischen Reiterhand und Pferdemaul. Das Pferd soll die Anlehnung an das Gebiss suchen und somit an

Durchlässigkeit

in Anlehnung an die Richtlinien der Deutschen Reiterlichen Vereinigung (FN)

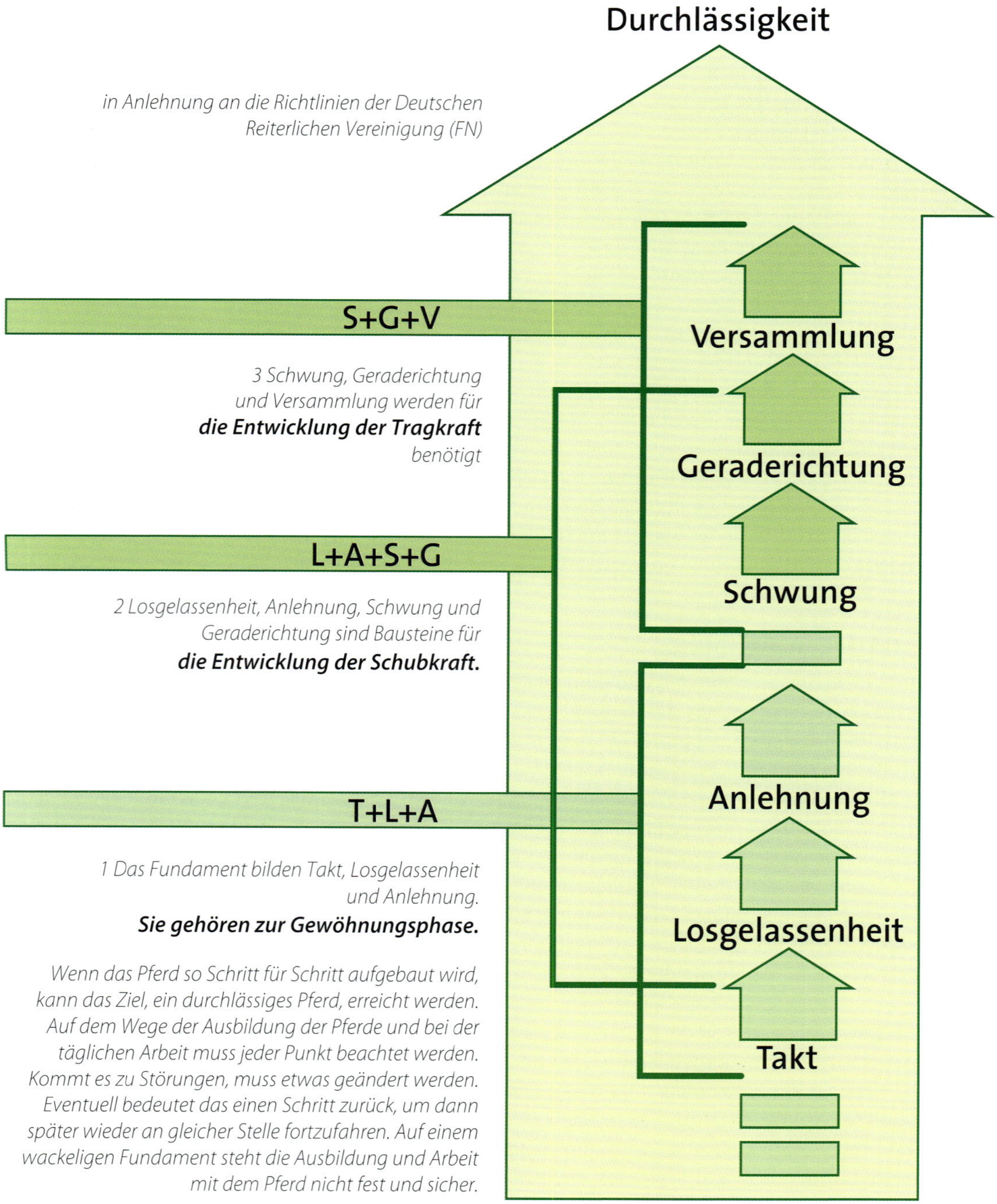

Versammlung

S+G+V

*3 Schwung, Geraderichtung und Versammlung werden für **die Entwicklung der Tragkraft** benötigt*

Geraderichtung

Schwung

L+A+S+G

*2 Losgelassenheit, Anlehnung, Schwung und Geraderichtung sind Bausteine für **die Entwicklung der Schubkraft.***

Anlehnung

T+L+A

1 Das Fundament bilden Takt, Losgelassenheit und Anlehnung.
Sie gehören zur Gewöhnungsphase.

Losgelassenheit

Takt

Wenn das Pferd so Schritt für Schritt aufgebaut wird, kann das Ziel, ein durchlässiges Pferd, erreicht werden. Auf dem Wege der Ausbildung der Pferde und bei der täglichen Arbeit muss jeder Punkt beachtet werden. Kommt es zu Störungen, muss etwas geändert werden. Eventuell bedeutet das einen Schritt zurück, um dann später wieder an gleicher Stelle fortzufahren. Auf einem wackeligen Fundament steht die Ausbildung und Arbeit mit dem Pferd nicht fest und sicher.

die Hand herantreten. Anlehnung an der Longe: Geht das überhaupt? Mit korrekt verschnallten Hilfszügeln ist das Ergebnis ähnlich. Das weich federnde oder flexible Nachgeben ein- oder beidseitig, wie es Reiter und Fahrer direkt können, ist nicht möglich. Das Pferd wird über die Peitsche an das Gebiss herangetrieben. Eine Begrenzung ist durch die Hilfszügel gegeben. Über die Verschnallung kann der Grad der Aufrichtung verändert werden. Von Vorwärts-Abwärts bis zum Arbeiten in korrekter Aufrichtung.

Schwung

Die Übertragung des energischen Impulses aus der Hinterhand auf die Gesamt-Vorwärtsbewegung des Pferdes. Auch hier hat man an der Longe sehr gute Möglichkeiten, auf das Pferd einzuwirken, den Schwung zu verbessern oder ihn herauszuarbeiten.

Der Vollständigkeit halber werden die nächsten Punkte erwähnt. Sie sind jedoch besser unter dem Reiter zu verwirklichen, als mit der einfachen Longe.

Geraderichten

Ein Pferd ist gerade gerichtet, wenn die Hinterhand und die Vorderhand aufeinander eingespurt sind, d.h. wenn es auf gerader und gebogener Linie mit seiner Längsachse der Hufschlaglinie angepasst ist. Zum Geraderichten auf gebogener Linie, wie es beim Reiten möglich ist, fehlt der äußere Schenkel. Die äußere Begrenzung eines Longierzirkels hilft ein wenig, aber das Thema Geraderichten ist bei direktem Einwirken durch die Schenkel, das Gewicht und beidseitig einsetzbare Zügel einfacher zu behandeln.
Also leichter durch Reiten.

Versammlung

Die Hinterbeine übernehmen bei stärker gebeugten Hanken (Hüft- und Kniegelenke) vermehrt Last und treten weiter in Richtung unter den Schwerpunkt. Versammlung durch das Zusammenspiel der verhaltenden Hilfen (Zügel) und der treibenden Hilfen ist durch die einseitige Führung der Longe erschwert zu erreichen. Später bei der Arbeit nah am Pferd an der Hand, also bei der Bodenarbeit mit Langzügel oder Doppellonge kann man hier unterstützend einwirken.

Ziel der täglichen Arbeit und der gesamten Ausbildung: Durchlässigkeit

Die Bereitschaft des Pferdes, die Hilfen des Menschen gehorsam und zwanglos anzunehmen. Ein gut longiertes Pferd – das die Hilfen des Longenführers willig annimmt – ist durchlässig.

Die Gangarten

Neben Schritt, Trab und Galopp können Pferde auch Tölt oder Pass gehen. Überwiegend Isländer, Peruanische Pasos oder töltende Traber haben diesen vierten Gang. Für die Arbeit an der Longe ist der Trab effektiver, denn er hat einen hohen gymnastizierenden Wert. Der Rücken schwingt im Trab auf und nieder.
Es ist wichtig, zu erkennen, wenn ein Pferd eilt, es den Takt verliert oder im Hand- bzw. Außengalopp geht. Auch im Kreuzgalopp darf das Pferd an der Longe nicht gehen.

Schritt

Im Schritt hören und sehen wir den *Viertakt*. Schritt kommt von Schreiten. Er sollte also gelassen und ohne Eile vonstatten gehen. Die Beine werden gleichseitig, aber nicht gleichzeitig hin-

Schritt – Viertakt in 8 Phasen. Dreibein- und Zweibein-Stütze im Wechsel, das V verdeutlicht den Raumgriff

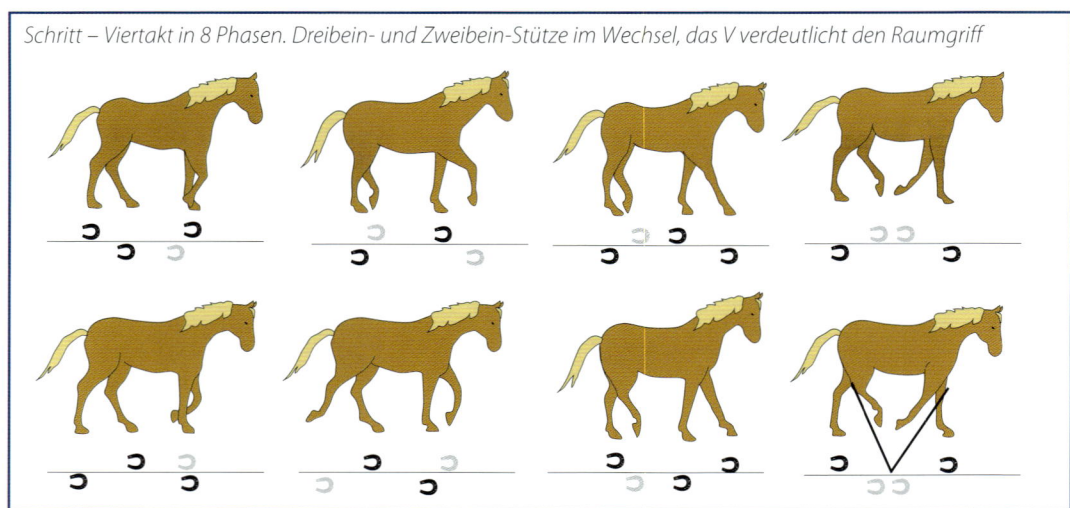

Trab – Zweitakt in 4 Phasen. Gleichseitig, aber nicht gleichzeitig. Das diagonale Beinpaar fußt auf, dann folgt ein Moment der Schwebe, dann das andere diagonale Beinpaar. Bei einem lockeren Pferd schwingt der Rücken auf und nieder.

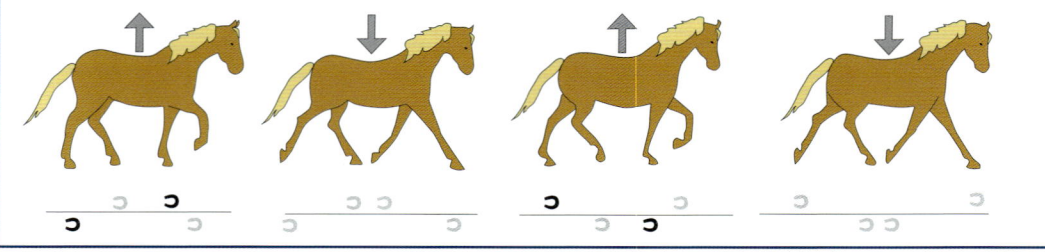

Galopp – Dreitakt in 6 Phasen
Der Galopp sollte über viel Boden und bergauf gesprungen werden. Das innere Hinterbein soll durchspringen.

tereinander aufgesetzt. Die Hinterfüße sollten mindestens in die Spur der Vorderfüße treten, besser noch darüber hinaus.

Fehler: Eilen im Schritt oder Anzackeln

Anfangs nicht zu lange im Schritt longieren. Die Pferde sind kontrollierter zu führen. Ein eiliges Pferd kann in ruhigem Trabtempo gelöst werden. Anschließend setzt man die Arbeit im Schritt fort.

Fehler: Pass

Der geregelte Viertakt ist unterbrochen. Die Pferdebeine werden seitenweise gleichzeitig vorgenommen.
Im fortgeschrittenen Stadium der Arbeit an der Longe kann man über Stangen longieren oder mit Trab-Schritt-Übergängen arbeiten.

Trab

Trab ist ein *Zweitakt*. Die diagonalen Beinpaare fußen gleichzeitig ab und setzen gleichzeitig wieder auf. Dazwischen entsteht ein Moment der Schwebe. Der Trab wird elastisch und raumgreifend gewünscht. Auch hier darf das Pferd nicht hektisch eilen, sondern es sollte schwungvoll gehen.

Fehler: Eilen im Trab

Ein geregelter Trab kann durch Cavalettiarbeit gefördert werden. Eilen kann durch eine annehmende und nachgebende Longenhilfe, eine bremsende Körperhilfe und beruhigende Stimmhilfen korrigiert werden.

Fehler: Zügellahmheit

Das Pferd hat keine gesundheitlichen Probleme, die Ursache für eine Lahmheit sind. Vielmehr ist die zu starke Einwirkung der Zügel der Grund. Die Verschnallung der Hilfszügel überprüfen, das

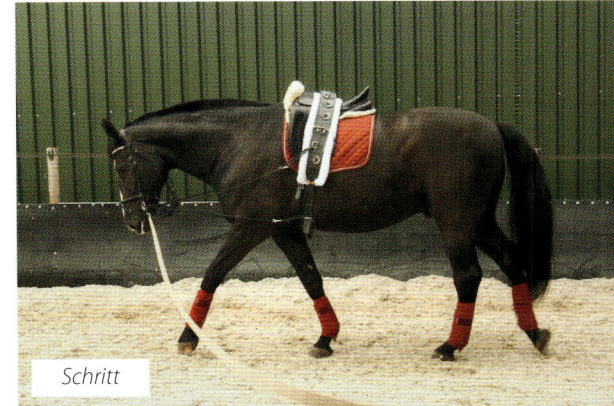

Schritt

Trab

Galopp

Pferd an das Gebiss herantreiben. Häufig die Verschnallung anpassen.

Galopp

Der Galopp ist ein *Dreitakt*. Zunächst fußt das äußere Hinterbein auf. Dann gleichzeitig das innere Hinterbein mit dem äußeren Vorderbein. Anschließend nur das innere Vorderbein, gefolgt von der Schwebephase, in der kein Bein auf dem Boden ist.

Fehler: Vierschlag

Das Pferd geht vorne im Trab, hinten im Galopp. Es sollte animiert werden, mehr durchzuspringen. Ein antreibendes Kommando oder eine auffordernde Peitschenhilfe sind hier angebracht.

Fehler: Außengalopp

Der Galopp wirkt holperig und manche Pferde gehen dabei in Außenstellung. Das Pferd muss durchpariert werden zum Trab.
Der äußere Vorderfuß holt weiter aus. Vor der Hilfe zum Angaloppieren ist darauf zu achten, dass das Pferd korrekt gestellt ist. Der Longenführer sollte zum Loslassen kommen. Die Stellung und Biegung wird über die korrekten Hilfen sichergestellt. Im Moment des Angaloppierens muss der Galoppsprung deutlicher herausgelassen werden, durch Nachgeben der Longe. Das Pferd kann sogar für einen Augenblick gerade gestellt werden. Manchen Pferden fällt es leichter geradeaus anzuspringen, als auf gebogener Linie.

Fehler: Kreuzgalopp

Vorne im Rechtsgalopp, hinten im Linksgalopp – oder umgekehrt. Das Pferd sofort zum Trab durchparieren. Eine deutlichere Hilfe zum Angaloppieren geben. Ähnlich wie beim Außengalopp die innere Schulter freimachen, also das Pferd nach kurzer Innenstellung durch die Longe mit korrekten Hilfen zum Angaloppieren bringen. Man kann gut aus einer Ecke heraus angaloppieren oder aus einem verkleinerten Zirkel im Moment des Vergrößerns.

Longieren
– eine runde Sache

6

Longieren – eine runde Sache

Lektionen und Übungen:

Zirkel verlagern

Beim Zirkelverlagern verändert der Longenführer seinen Standort, damit das Pferd den Kreisbogen verlassen kann. Er läuft zügig auf einer gedachten Linie parallel zum Pferd mit. Die Vorwärtsbewegung des Pferdes soll dabei erhalten bleiben, es wird bei Bedarf mit der Peitsche nach außen getrieben. Bleibt der Longenführer stehen, muss das Pferd wieder einen Kreisbogen einschlagen. Die erforderliche Hilfe ist eine weiche Longenhilfe mit annehmender und nachgebender Wirkung. Verändert der Longenführer kurz darauf seine Körperposition in Richtung Kruppe, veranlasst er damit eine stärkere Biegung des Pferdes auf der neuen Zirkellinie.

Ziel: Bei dem Wechsel von Stehen und Gehen des Longenführers muss das Pferd aufpassen. Es folgt bestenfalls aufmerksam den Vorgaben des Longenführers. Von der gebogenen Linie aus geht es direkt geradeaus, um sich dann erneut auf eine Zirkellinie einzustellen. Diese Übung verbessert die Anlehnung. Beim Wechsel zwischen gerader und gebogener Linie sucht das Pferd die Anlehnung. Die Kombination aus Zirkelverlagern und Tempiwechseln ist sehr effektiv. Auf der Geraden wird zugelegt und in den Wendungen wird das Pferd wieder eingefangen.

Zirkel verkleinern und vergrößern

Beim Zirkelverkleinern verändert der Longenführer seinen Standort, indem er aktiv auf das Pferd zugeht und dabei die Longe aufnimmt. Ist der Zirkel so groß, wie der Longenführer ihn haben will, bleibt dieser stehen. Mit einer weichen Longenhilfe wird das Pferd auf die neue Zirkellinie eingestellt. Der Zirkel darf vom Durchmesser nur so weit verkleinert werden, wie das Pferd im Gleichgewicht geht, sich taktrein bewegt, zufrieden bleibt und nicht über die Schulter ausweicht. Auf dem kleinen Zirkel sollte wegen der erhöhten Anstrengung, der Belastung der Pferdebeine und der Muskulatur höchstens drei Runden am Stück gearbeitet werden, dann wird der Zirkel wieder vergrößert.

Beim Zirkelvergrößern treibt der Longenführer das Pferd mit Körper- und Peitschenhilfe vorwärts-seitwärts heraus, eventuell unterstützt er dies mit der Stimmhilfe »und-raus!«. Die Aufgabe des Longenführers ist dabei, die Longe zügig, ungefähr innerhalb einer Runde, sicher herauszulassen, so dass eine weiche Anlehnung mit leichtem Zug an der Longe erhalten bleibt.

Ziel: Die Kombination von kleinen und großen Kreisbögen verbessert die Aufmerksamkeit des Pferdes. Es wird gebogen und gestellt und bei der Gelegenheit vermehrt an den äußeren Hilfszügel herangetrieben.

Kombiniert man das Zirkelverkleinern und -vergrößern mit Tempounterschieden, hat dies einen gymnastizierenden Wert. Auf kleinerem Kreis nimmt sich das Pferd auf, da es anstrengend ist. Beim Größerwerden des Kreises wird etwas zugelegt und das Pferd an das Gebiss herangetrieben.

Zirkel verlagern bis Mittelzirkel oder ganze Bahn longieren. Es muss nicht immer rund gehen.

Gestaltung einer Trainingseinheit

Eine Trainingseinheit wird in drei Phasen einge-teilt: Lösungs-, Arbeits- und Entspannungsphase. Die Trainingseinheit ist optimal genutzt und effektiv gestaltet, wenn der Longenführer viele Lektionen, Gangarten- und Tempiwechsel ein-baut. So sollte jede halbe Runde eine andere Anforderung oder Übung an das Pferd gestellt werden. Ob der Longenführer das Ziel für die Einheit erreicht, hängt zum einen von dessen Geschick, zum anderen von der Tagesform des Pferdes ab. Es kann sein, dass während der Ein-heit das Ziel neu definiert werden muss. Der Lon-genführer muss flexibel reagieren, wenn zum Beispiel das Pferd eine unerwartete Leistung zeigt oder ein Problem auftritt.

Die Longenarbeit kann je nach Trainingsstand und Verfassung des Pferdes 30 bis 60 Minuten dauern. Alle fünf bis zehn Minuten sollte die Hand gewechselt werden, da durch eine einseiti-ge Beanspruchung der Muskulatur Verspannun-gen auftreten können.

Lösungsphase

Zu Beginn wird das Pferd zehn Minuten im Schritt geführt. Durch die Gehen-Stehen-Gehen-

Zu Beginn wird das Pferd im Schritt geführt.

Übung stellen sich Pferd und Longenführer auf die Arbeit und das jeweilige Gegenüber ein.
-> ERZIEHUNG BEIM FÜHREN

Das Pferd wird geradeaus oder auf großen gebogenen Linien geführt. Man kann, um diese Phase interessanter zu machen, Stangen auslegen, über die man das Pferd dann treten lässt. Die Hand, auf der geführt wird, wird regelmäßig gewechselt. Im fleißigen Schritt löst sich die Muskulatur, die Gelenkschmiere in den Beinen verflüssigt sich und kann nach ca. sieben Minuten ihre Pufferfunktion erfüllen. Die gewählten Hilfszügel, in der Regel Ausbinder oder Laufferzügel, können dabei bereits entsprechend lang verschnallt angelegt werden. ->HILFSZÜGEL

Es folgt die Trabarbeit, hier läuft das Pferd nun an der Longe in einem ruhigen und gleichmäßigen Arbeitstempo um den Longenführer herum. Zu Beginn wird das Pferd auf seiner »guten Seite« longiert. Die individuelle, gymnastizierende Arbeit fängt an dieser Stelle bereits an: Manche Pferde lösen sich gut durch Schritt-Trab-Übergänge, andere wiederum eher durch Trab-Galopp-Übergänge. Angaloppieren hat eine lösende

Manche Pferde lösen sich besser im Galopp oder durch Galopp-Trab-Übergänge.

Wirkung und baut Muskeln auf. Langes Galoppieren ist eher ermüdend für das Pferd. Aus diesem Grund longiert man während der Galopparbeit besser häufig Galopp-Trab-Übergänge. Auf
beiden Händen werden ähnliche Übungen mit
ähnlicher Einteilung abverlangt, bei regelmäßi-
gem Handwechsel. Geht das Pferd im geregelten
Takt auf beiden Seiten und dehnt sich entspannt
vorwärts-abwärts, kann die Arbeitsphase beginnen. Nur ein entspanntes, gelöstes Pferd kann
konzentriert mitarbeiten.

Arbeitsphase

In der Arbeitsphase verfolgt der Ausbilder ein
Ziel, das sich auf einzelne Eckpfeiler der Aus-
bildung, Techniken oder Übungen bezieht. Die
Hilfszügel werden dem Trainingsziel entspre-
chend verschnallt.
-> ANLEHNUNG, SCHWUNG BEIM LONGIEREN

Der Longenführer hat sich die Methoden über-
legt, mit denen er das Ziel erreichen möchte. Alle
Möglichkeiten, die durch korrektes Longieren
gegeben sind, sollten ausgeschöpft werden. Die

*Im Verlauf der Arbeitsphase soll das Pferd über den Rücken an die Hand herantreten. Die korrekte Aufrichtung und
Anlehnung werden erarbeitet.*

Motivation und Tagesform des Pferdes muss richtig eingeschätzt werden. Das Pferd wird beobachtet und entsprechend gefordert und gefördert.

Die Arbeitsphase wird durch Schrittpausen unterbrochen. Die Hilfszügel werden dabei verlängert oder ganz ausgeschnallt. Der Wechsel von Anspannung und Entspannung beugt Verspannungen vor und erhält die Konzentration. Die Arbeitsphase wird positiv beendet. Auch, wenn das zuvor gesteckte Ziel nicht vollständig erreicht wurde.

Entspannungsphase

In diesem Abschnitt wird das Pferd aus der Arbeit entlassen. Die Hilfszügel werden länger und tiefer verschnallt, sodass eine Vorwärts-Abwärts-Dehnung im Schritt und Trab auf beiden Händen möglich ist.

Abschließend können die Hilfszügel abgenommen werden, und das Pferd wird im Schritt so lange longiert oder geführt, bis es ruhig atmet und nicht mehr schwitzt. Damit endet die Longiereinheit.

Ein zufriedenes Pferd mit abgeschnallten Hilfszügeln nach der Arbeit im Schritt.

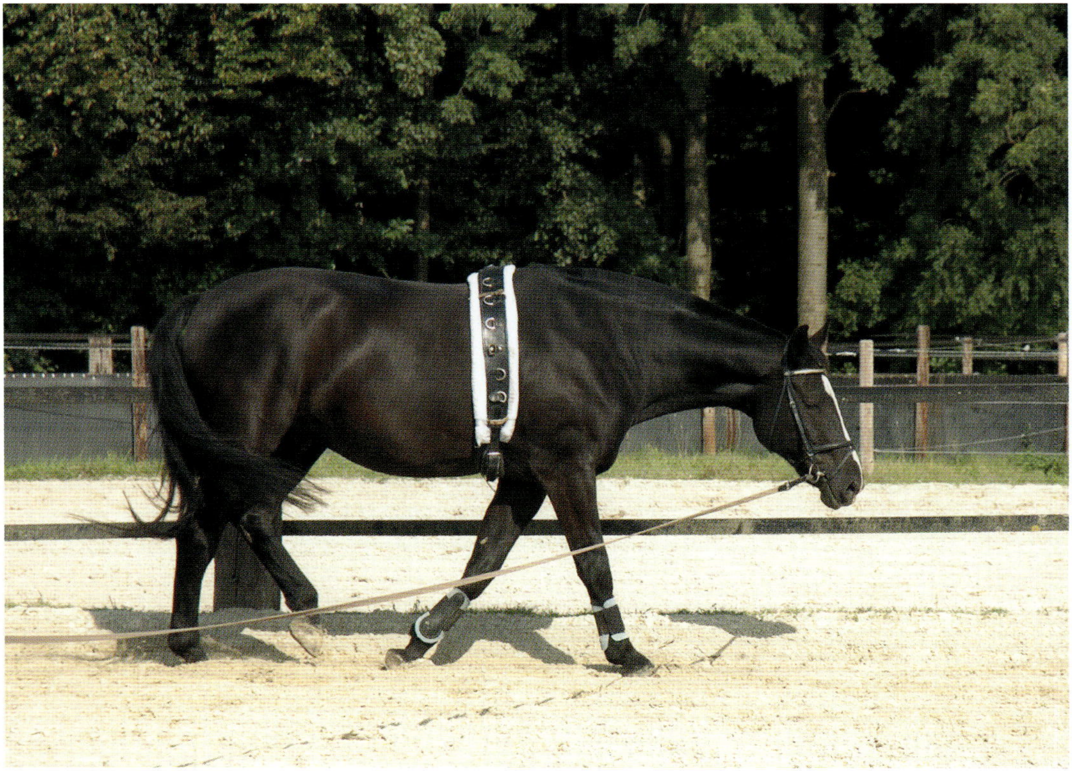

Losgelassenheit verbessern

Zu Beginn des Trainings ist darauf zu achten, dass die Schritte, Tritte und Sprünge des Pferdes taktrein sind und es sich in einem geregelten und fleißigen Tempo bewegt. Die Losgelassenheit steht damit in direktem Zusammenhang. Die Longenarbeit soll sich positiv auf die Leistungsbereitschaft des Pferdes auswirken und es entspannen.

Losgelassenheit ist erkennbar, wenn das Pferd

- motiviert mitarbeitet.
- lernbereit und lernwillig ist.
- direkt auf die Hilfen reagiert.
- einen zufriedenen Gesichtsausdruck hat, ein waches Auge und ein aufmerksames Ohrenspiel.
- abschnaubt.
- im unteren Maulbereich, an den Lippen kaut.
- im Rücken mitschwingt.
- den Schweif locker und frei pendelnd trägt.
- dehnungsbereit ist.

Losgelassenheit wird gefördert durch

- ein angemessenes Grundtempo, fleißig, passend zum Pferd.
- häufige und korrekte Übergänge zwischen Schritt, Trab und Galopp.
- Tempiwechsel, Zulegen und Einfangen im Trab und Galopp.
- verändern der Zirkellinien, von geradeaus zur gebogenen Linie, also Zirkelverlagern.
- den Einsatz von Bodenricks.
- regelmäßige Handwechsel, beide Körperhälften gymnastizierend.
- geschickten und angemessenen Einsatz der Hilfszügel.
- korrekte und passend dosierte Hilfengebung.

Losgelassenheit – (k)ein Problem?!

Das Pferd nimmt keine korrekte Dehnungshaltung ein? Dann ist die Losgelassenheit das Ziel der Trainingseinheit und wird in der Arbeitsphase verbessert. Das Pferd soll den Hals fallen lassen und sich mit Hilfszügeln vorwärts-abwärts dehnen. Die Punkte der Ausbildungsskala greifen ineinander. Losgelassenheit und Anlehnung bauen aufeinander auf. Bei Problemen muss die Ausrüstung überprüft werden. Außerdem sollten die Methoden und Übungen intensiv und geduldig angewendet werden. Schließlich müssen eventuell individuelle und manchmal kreative Änderungen im Training vorgenommen werden.

Problem: Das Pferd ist zu eng, es geht hinter den oder nicht an die Hilfszügel. So kann das Pferd nicht mit schwingendem Rücken gehen.
Abhilfe: Sind die Hilfszügel zu kurz verschnallt, wird dies korrigiert. Sie müssen so verschnallt werden, dass die korrekte Anlehnung möglich ist. Während der Arbeit bedeutet dies die Stirn-Nasenlinie sollte leicht vor der Senkrechten sein und das Genick der höchste Punkt. In Phasen der Dehnung befindet sich die Maulspalte in Höhe der Bugspitze, wobei das Pferd energisch untertritt. Die Reaktion auf die treibenden Hilfen muss geprüft und verbessert werden.

Problem: Das Pferd geht verspannt oder eilig
Abhilfe: Galopp-Trab-Übergänge unterstützen die Rückentätigkeit, darum fällt es manchen Pferden leichter, sich im Galopp zu entspannen. Andere wiederum kommen zur Losgelassenheit durch sehr ruhiges Trabtempo. Wieder andere brauchen ein frisches Grundtempo mit viel Abwechslung und Übergängen, um sich zu lösen. Hierauf muss der Longierer eingehen und es mit den korrekt verschnallten Hilfszügeln erarbeiten.

Problem: Das Pferd dehnt sich nicht vorwärts-abwärts, es wehrt sich.

Abhilfe: Gesundheitliche Probleme müssen ausgeschlossen werden.

Mangelndes Vertrauen oder schlechte Erfahrungen können Ursache für Verspannungen sein. Bei diesen Pferden kann der schonende Einsatz eines Korrekturzügels angebracht sein. Ein erfahrener Longenführer kann einem Pferd so den Weg in die Dehnungshaltung zeigen. Führt diese Erfahrung zur Entspannung und somit zu einem positiven Erlebnis für das Pferd, muss baldmöglichst auf Korrekturzügel verzichtet werden.

Losgelassenheit – ein Ziel

Manchen Pferden fällt es sehr schwer, sich zu entspannen. Geduld, die richtige Verschnallung der Hilfszügel und motivierende Arbeit können zum Gelingen des Ziels innerhalb einer Trainingseinheit beitragen. Manche Pferde sind erst nach Wochen oder Monaten bereit, sich bei der Arbeit zu entspannen. Routine gibt einem Pferd Sicherheit. Das Ziel ist, die Losgelassenheit abrufbar, kurzfristig innerhalb einer Trainingseinheit zu erlangen. In der Arbeit wirkt sich dies idealerweise mit einer verkürzten Lösungsphase aus. Das Pferd hat gelernt, bereits nach kurzem Aufwärmen locker und entspannt zu sein. In der folgenden Arbeitsphase kann dann die Durchlässigkeit weiter verbessert werden. Der Sinn der Gymnastizierung ist ein gut trainierter Körper in Verbindung mit sofortiger spannungsfreier Reaktion des Pferdes auf die Hilfen.

Anlehnung verbessern

Durch das Zusammenspiel der treibenden und verhaltenden Hilfen soll das Pferd willig an das Gebiss herantreten. Ziel ist eine stets weiche Verbindung zwischen dem Pferdemaul, den Hilfszügeln und der Longe.

Anlehnung ist erkennbar, wenn das Pferd

- an das Gebiss herantritt. In Dehnungshaltung befindet sich die Maulspalte in Höhe der Bugspitze.
- in korrekter Aufrichtung kaut, die Nasenlinie leicht vor der Senkrechten trägt und das Genick dabei der höchste Punkt ist.
- so an die Hilfszügel herantritt, dass sie nicht durchhängen.
- sich frei trägt und nicht auf den Hilfszügeln abstützt.

Anlehnung wird verbessert durch

- Übergänge und Tempounterschiede.
- Zirkel verlagern von gebogener Linie auf die gerade Linie.
- Zirkel verkleinern und vergrößern durch das Zusammenspiel der diagonalen Hilfengebung an den äußeren Hilfszügel.
- korrekte Hilfengebung und sauberes Ausführen der Lektionen.
- den Einsatz von Hilfszügeln, die in der Länge und Höhe passend verschnallt sind.
- eine kurzfristige Korrekturverschnallung.

Anlehnung – (k)ein Problem?!

Nicht immer ist es ein Anlehnungsproblem, wenn das Pferd sich während der Arbeit auf den Zügel legt. Ermüdung kann auch eine Ursache dafür sein. Die Schrittpausen müssen eingehalten werden oder länger ausfallen. Haben Pferde schon zu Beginn der Arbeitsphase Anlehnungsprobleme, ist darauf einzugehen.

Problem: Das Pferd geht hinter dem Zügel, obwohl es korrekt ausgebunden ist.
Abhilfe: Das Pferd muss mehr an das Gebiss herangetrieben werden. Die Hinterhand wird aktiviert, damit das Pferd über den schwingenden Rücken an die Hand herantritt. Übergänge sind auch hier eine gute Möglichkeit, um das Pferd durch das Zusammenspiel von treibenden und verhaltenden Hilfen an die Hand zu arbeiten.

Problem: Die Anlehnung ist nicht geregelt, das Pferd weicht nach außen aus.
Abhilfe: Manche Pferde gleichen mit dem Hals fehlende Balance aus. Hier sollte man versuchen, durch Longieren auf kleinen Linien die Längsbiegung des Pferdes zu verbessern. Das Pferd lernt, sich mit der Hinterhand auszubalancieren und nicht mit Kopf und Hals.

Problem: Die Longe steht nicht an, sie hängt durch oder die Verbindung ist unstet.
Abhilfe: Durch häufiges Zirkelverlagern, -verkleinern und -vergrößern wird das Pferd vor allem an die äußere Hand gearbeitet.

Problem: Das Pferd drängt nach außen, Zug auf der Longe.
Abhilfe: Eine Ursache kann fehlendes Gleichgewicht sein oder das Pferd stützt sich auf der Longe ab. Manche Pferde weigern sich auch schlicht davor, sich nach innen stellen zu lassen. In diesen Fällen hilft Longieren mit Begrenzung, genauer an eine äußere Begrenzung heran. Ändert der Longenführer seine Position mehr in Richtung hinter das Pferd und läuft mit, kann er einfacher den Druck aus der Longe nehmen.

Das Pferd wird sanft auf den Kreisbogen eingestellt und begleitet. Die Einwirkungen sind stärker biegend.
Der Versuch mechanisch, d.h. nur über Korrekturverschnallung, das Problem zu beheben, endet oft in einem Teufelskreis. Das Pferd drängt nach außen, baut Druck auf die Longe auf, der Longenführer zieht dagegen, das Pferd reagiert mit Gegendruck und alles wird nur noch schlimmer.

Problem: Das Pferd drängt in den Zirkel.
Abhilfe: Manchmal ist die Ursache Angst vor äußeren Umständen, also Erschrecken. Das ist leicht zu beheben. Das Pferd wird an der Störquelle vorbeigeführt, daran gewöhnt oder sie wird beseitigt.
Andere Pferde ignorieren die Peitschenhilfen. In diesem Fall muss die Hilfengebung verbessert und konsequent eingesetzt werden.
Drängt das Pferd in die Mitte, darf der Longenführer nicht versuchen, diesem Verhalten durch Hochreißen eines Armes zu begegnen. Damit öffnet er dem Pferd den Weg in die Zirkelmitte. Die Longe wird korrekt aufgenommen und der Longenführer begibt sich näher an das Pferd. Er kann zur Korrektur parallel zum Pferd mitgehen und hat zur Verstärkung der Peitschenhilfe die Körperhilfe. Das Pferd muss nach außen weichen.

Anlehnung – ein Ziel

Die korrekte Anlehnung ist daran erkennbar, dass ein Pferd aus jeder Phase der Arbeit in die korrekte Vorwärts-Abwärts-Dehnung entlassen werden kann. Ein Pferd kann sich nur so weit korrekt aufrichten, wie es sich auch dehnt. Durch regelmäßiges Verschnallen der Hilfszügel, der Situation angepasst, prüft der Longenführer den Stand der Anlehnung.

Schwung verbessern

Schwungvolle Bewegung betrifft den gesamten Körper des Pferdes und kommt uns beim Reiten, Fahren und Voltigieren zugute. Die Pferde treten energischer unter und signalisieren, dass sie sich wohl fühlen. Schwungvoll gehende Pferde sind besser zu sitzen.

Schwung ist erkennbar, wenn das Pferd

- energisch mit der Hinterhand abfußt.
- eine längere Schwebephase hat und die Bewegungen raumgreifender sind.
- im Rücken mitschwingt.
- mehr Last mit der Hinterhand aufnimmt.

Schwung wird verbessert durch

- präzise, häufige Tempounterschiede im Trab.
- energisches Antreten aus dem Halten und Schritt-Galopp-Übergänge.
- Zirkelverlagern mit Zulegen und Geradeaus-Longieren.
- Zirkelverkleinern und -vergrößern mit Zulegen oder Gangartwechsel.
- Longieren über unterschiedlich hohe Bodenricks.

Schwung – (k)ein Problem?!

Schwung ist nicht der angeborene Gang des Pferdes. Schwung kann durch die Arbeit verbessert werden. Die Hinterhand wird dabei aktiviert. Das Pferd geht fleißiger, ohne schneller zu werden. Es richtet sich auf und beginnt, sich selbst zu tragen. Hörbar wird Schwung dadurch, dass die Tritte und Sprünge leiser werden.

Schwung – ein Ziel

Der Schwung des Pferdes kann an der Longe verbessert und gefestigt werden. Die weitere Punkte der Ausbildungsskala sind in fachkundiger Hand durch die Arbeit mit der Doppellonge zu erarbeiten. Hier besteht die Möglichkeit, vom Boden aus seitlich einrahmend einzuwirken.

Abwechslung und Weiterführung
Arbeit mit Bodenricks

Die Arbeit mit Bodenricks bietet nicht nur Abwechslung für die Pferde, sondern sie werden zudem gymnastiziert. Die Geschicklichkeit wird gefördert, wenn es einzelne oder mehrere Bodenricks auf dem Boden zu überwinden gilt. Das Pferdeauge wird geschult. Die Einheit mit Bodenricks sollte nicht länger als 10 bis 20 Minuten dauern, je nach Intensität. Es ist unbedingt darauf zu achten, dass die Stangen nicht wegrollen können.

Abmessungen und Abstände

Jeder, der sich mit Pferden und ihrer Ausbildung befasst, sollte die Schrittlänge von einem Meter im Gefühl haben. Eine Springstange hilft beim Einüben. Eine drei Meter lange Stange muss mit drei Schritten abgegangen werden, dann stimmt die Schrittlänge.

Abstände im Schritt: 0,80 m
Abstände im Trab: 1,20 m
Abstände im Galopp: 3,20 m

Diese Abstände sind Anhaltswerte, sie müssen individuell auf das entsprechende Pferd angepasst werden. Bei Ponys und Großpferden – abhängig von den Veranlagungen – variieren sie.

Wird über Stangen geradeaus longiert, muss der Longenführer parallel zum Pferd mitlaufen.

Um das zu verhindern, werden sie mit Steinen, Selbstbaulösungen oder leichten Fixierungen aus Kunststoff gesichert. Die Pferdebeine sollten mit Gamaschen geschützt sein.

Wie in allen Phasen der Ausbildung von Pferden sind die ersten Schritte leicht, danach wird es schwieriger. Anfangs wird das Pferd, ausgerüstet für das Longieren, über einzelne Bodenricks geführt. Das Überwinden einzelner Bodenricks kann ans Ende oder an den Anfang einer Longiereinheit gelegt werden. Auch hier kann ein Helfer unterstützend eingreifen, wenn es zu Schwierigkeiten kommt.

Der Longenführer muss bei der Arbeit mit Bodenricks schnell reagieren können und besonders aufmerksam sein. Das Pferd wird an die Mitte der Bodenricks herangelongiert. Die Longe darf sich nicht verheddern. Weicht das Pferd nach innen aus, muss die Peitsche in Richtung Schulter gerichtet dafür sorgen, dass es wieder hinaus-

läuft. Läuft das Pferd außen vorbei, hilft eine seitliche Begrenzung.

Das Pferd wird zunächst im Schritt über eine einzelne Stange geführt. Weiter geht es mit zwei Bodenricks, die sich auf der Zirkellinie gegenüberstehen, bis hin zu vier Bodenricks auf dem Viertelkreis. Wichtig ist es, dem Pferd von Anfang an ausreichend Zeit zu lassen. Es soll lernen, die Beine im richtigen Moment anzuheben und vor allem mitzudenken. Die Hauptaufgabe ist es, den Takt zu erhalten und ein gleichmäßiges Tempo sicherzustellen. Geht der Takt verloren, müssen wir nach den Ursachen forschen. Die Abstände könnten nicht ganz passend sein. Oder das Pferd ist aufgrund der Anzahl der Bodenricks überfordert. Auch die Höhe der Bodenricks könnte das Pferd verunsichern. Wer hier geduldig daran arbeitet, hat später ein Pferd, das Hindernisse angstfrei und mit Verstand überwindet.

Beim Geradeaus-Longieren oder Zirkelverlagern, können Bodenricks an der lange Seite der Reit-

Die Stangen in unterschiedlicher Höhe erfordern viel Aufmerksamkeit vom Pferd.

bahn als Reihe aufgestellt werden. Achtung: Das Pferd muss vor der Reihe gerade gestellt sein.

Übergänge können in diese Arbeit ebenfalls einbezogen werden. Eine Stange wird dabei auf den Kreisbogen gelegt. Immer nach oder vor dem Überwinden der Stange erfolgt ein Gangartenwechsel. Zu Beginn der Ausbildung können ein solch optisches Signal und die Wiederholung einer Lektion an der gleichen Stelle das Erlernen der Kommandos vereinfachen. Im weiteren Verlauf der Ausbildung muss das Pferd an jeder Position auf die Hilfen reagieren.

Die Bodenricks unterschiedlich hoch aufzustellen, macht den Aufbau einer Reihe spannend. Vier bis sechs Bodenricks werden dabei folgen-

Liegen die Stangen kreisförmig, kann die Gangart gewechselt werden, ohne die Stangen umlegen zu müssen.

0,80 m Schritt

1,20 m Trab

3,20 m Galopp

dermaßen aufgebaut: jede zweite Stange liegt höher, einseitig oder beidseitig (siehe Abbildung Seite 85). Bei dieser Übung müssen die Pferde gut aufpassen und mitdenken.

Die Abstände innerhalb der Reihe können auch etwas unterschiedlich sein: von kleineren (1,10 bis 1,20 m) bis zu größeren (1,30 m). Dadurch wird das Auge des Pferdes geschult.
Auf der Zirkellinie werden die Bodenricks fächerförmig aufgebaut. Mit den Pferden kann im Schritt und im Trab gearbeitet werden. Die Bodenricks werden so hingelegt, dass die Abstände auf dem Kreisbogen passen.

Vorbereitung auf das Fahren

Um Pferde korrekt auf das Einfahren vorzubereiten, werden sie mit Bauchgurt und angelegtem Schweifriemen longiert. Sie tragen dabei ein hannoversches oder kombiniertes Reithalfter. Das verwendete Gebiss ist auf jeden Fall eine normale, einfach gebrochene Trense. Mit Kopfstück zu longieren, ist nicht ungefährlich. An das Kopfstück sollte das Pferd besser beim Führen gewöhnt werden.
Beim Longieren kann das Pferd auf das spätere Einfahren vorbereitet werden. Es gewöhnt sich an das Geschirr und die Stränge, die die Beine berühren können. Das Pferd soll lernen, mit Geschirr entspannt zu gehen.

Alles was während des Trainings am Pferdekörper herunterschlackert oder ihn streift, ist eine gute Übung für das spätere Anlegen des Geschirres und die Bewegung im Geschirr. Wird das Pferd panisch, wird es auf einem kleiner werdenden Kreis gehalten, mit der Stimme beruhigt und schließlich im Schritt wieder angeführt. Die Einheit beginnt erneut wieder von vorne.

Die Doppellonge ist im weiteren Verlauf eine gute Möglichkeit der Vorbereitung. Die Arbeit am langen Zügel im Schritt ist ebenfalls wertvoll für die spätere Arbeit mit der Schleppe.
Beides ist etwas für Fortgeschrittene. Hier müssen beide Hände und die Peitsche mit viel Geschick das Pferd dirigieren. Mangelnde Erfahrung und Unkenntnis können zu unangenehmen Zwischenfällen führen. Daher ist für dieses Thema ganz sicher die Teilnahme an Kursen oder gezielter Unterricht ratsam.

Übungen für Reiter an der Longe

Die nachfolgend beschriebenen Übungen sind für Reiter, die unabhängig sitzen und einwirken können, also selbstständig auch ohne Longe reiten. Es ist ein kleiner Einblick in die Vielzahl an Möglichkeiten, die Abwechslung in die Ausbildung der Reiter bringen. Sie wirken für die Reiter lockernd, entspannend und können den Sitz und damit die Einwirkung verbessern.

Der Ort, an dem Sitzübungen an der Longe durchgeführt werden, muss so gewählt sein, dass auch geradeaus longiert werden kann. Es sollte nicht zu viel Ablenkung für das Pferd herrschen.
Statt der Zügel können Ledergriffe verwendet werden, wie man sie beispielsweise beim therapeutischen Reiten gerne einsetzt. Umgreift der Reiter die Griffe, hat er eine ähnliche Körperhaltung, wie später beim Einsatz der Zügel. Die Hände werden aufrecht hingestellt und umfassen den Riemen. Alle Übungen können mit und ohne Bügel geritten werden.
Im Vordergrund stehen Sitzkorrektur und Lockerungsübungen für den Reiter. Der Longenführer kümmert sich um das Pferd, während sich der

Diese Griffe aus dem therapeutischen Reiten sind für die Sitzschule ideal.

Reiter auf seinen Sitz einlassen kann. Er kann sich entspannten und muss sich nicht um Treiben, Stellen oder Sonstiges kümmern. Alle Übungen sollen langsam ausgeführt werden. Zur Entspannung bietet es sich an, mit Musik zu arbeiten.

Körperbewusstsein

Für die Sitzübungen werden die Bügel ein bis zwei Löcher kürzer geschnallt als bei der Dressurarbeit. Der Sitz darf nicht zu gestreckt sein, sonst verliert der Reiter die Haftung, also die Sitztiefe mit beiden Gesäßknochen im tiefsten Punkt des Sattels.

In Wendungen folgt der Reiter aufrecht auf dem Pferd sitzend der Biegung des Pferdes. Die Schulter des Reiters folgt von der Oberkörperdrehung her der Schulter des Pferdes. Die Hüfte des Reiters ist eher parallel zur Hüfte des Pferdes. Die Körperachse des Reiters muss korrekt zur Achse des Pferdes stehen. Die Schwerpunkte sollten übereinander liegen.

Dazu muss man zunächst seinen eigenen Schwerpunkt finden. Der Sattel muss passend sein. Um die Position im tiefsten Punkt des Sattels zu finden, hilft Verrücken. (Zunächst zur Seite.) Der Reiter soll vorsichtig nach rechts aus dem Sattel rutschen und anschließend nach links, dann in der Mitte die beiden Gesäßknochen gleichmäßig fühlen. Bei dieser Übung ist zu bedenken, dass man sich mit dem Sattel genau über der Wirbelsäule des Pferdes bewegt. Um die Gesäßknochen im tiefsten Punkt des Sattels noch deutlicher zu fühlen, umfasst der Reiter mit der einen Hand vorne die Kammer und mit der anderen das Hinterzwiesel. Dann zieht er sich fest in den Sattel und müsste dabei die Gesäßknochen spüren.

Aufwärmen, dehnen und lockern

Der Reiter kann seine Rückenmuskulatur dehnen, indem er sich langsam nach vorne herunterbeugt, am Pferdehals entlang weit nach unten. Die Arme rechts und links vom Pferdehals und ganz langsam wieder aufrichten.

Oberkörper, Arme und Schultern müssen locker sein. Hierzu können die Arme waagerecht hochgenommen werden, bis zur Höhe der Schultern. Anschließend wird der Oberkörper langsam zur Mitte gedreht, danach wieder in die Ausgangsposition und dann nach außen. Die Übung wird langsam durchgeführt. Der Reiter soll dabei entspannt weiteratmen. Sie kann auch mit einer Gerte in der Hand ausgeführt werden, dann ist noch besser zu erkennen, ob die Schultern auf einer Höhe bleiben oder der Reiter in der Hüfte einknickt.

Zwischen den Übungen müssen Arme und Beine, Schultern und Nackenpartie ausgeschüttelt werden.

Die Schultern sind waagerecht auf einer Höhe und werden langsam nach rechts, zur Mitte und nach links gedreht. Schultern auf einer Höhe, erkennbar an der Gerte.

Hals und Nacken kann der Reiter durch langsames Drehen bei korrekter Kopfhaltung lockern. Zuerst langsam nach links, zur Mitte und wieder nach außen drehen. Ebenso langsam nach vorne unten, dann wieder in die Ausgangssituation. Die Schultern werden immer wieder ausgeschüttelt. Sie werden locker angehoben, gleichzeitig und wechselseitig.

Um die Lage des Beins am Pferd zu verbessern, macht es Sinn, wenn der Reiter seinen Oberschenkel ausdreht. Hierzu umfasst er ihn von hinten, zieht ihn vom Sattelblatt weg und lässt das Bein wieder locker herabsinken. Der Knieschluss wird fühlbar und besser.

Unabhängige Zügelführung

Eine gute Übung für unabhängig einwirkende Hände. Dabei werden die Hände so hingestellt wie beim Reiten mit Zügeln; eine Handbreit über dem Widerrist, locker und geschlossen, die Daumen liegen dachförmig obenauf.

In dem Moment, in dem das Pferd einen Vorderfuß vornimmt, soll der Reiter den Arm vorstrecken, der an der Hüfte mit dem Ellenbogen anliegt. Die andere Hand muss unverändert an ihrem Platz bleiben.

Das Nachfassen der Zügel ist im Schritt zu üben. Schließlich auch der selbstverständliche Umgang mit der Gerte, also der Wechsel der Gerte und die korrekte Handhabung können geübt werden.

Es gibt in diesem Bereich noch viele Möglichkeiten, die mehr als ein Kapitel für sich sind. Ein gut ausgebildetes Pferd an der Longe bietet einem Ausbilder die Chance, auch fortgeschrittene Reiter in Sitz und Einwirkungen zu verbessern.

Aufwärmen auf dem Pferd. Die Arme sollten waagerecht gehalten werden.

Unabhängige Zügelführung. Ein Arm wird vorgestreckt, während der andere an seiner Position verbleibt.

7

Schluss

Schlusswort

Bei der Erstellung dieses Buches haben wir viele Erfahrungen sammeln können und Meinungen ausgetauscht. Wir bedanken uns bei allen, die uns mit Rat und Tat zur Seite standen. Unseren Pferden Marlon und Shadow gebührt Dank für ihren geduldigen Einsatz.

Sigrid Weppelmann

befasst sich seit über 30 Jahren intensiv mit Pferden und unterrichtet an der Basis. Ihre vielseitige Ausbildung von Klassischen Ansätzen bis zur Trainerin A der FN mit der Zusatzqualifikation im Reiten als Gesundheitssport verhilft ihr zu Lösungsansätzen im Unterricht. Ängstliche Reiter, Kinder, Späteinsteiger oder Turnierreiter werden zielgerichtet unterstützt. Stets vor Augen den harmonischen Umgang und das effektive Miteinander von Mensch und Pferd.
www.fit-im-pferdesport.de

Sandra Mensmann

ist von Beruf Sonderschullehrerin und Fachübungsleiterin (Trainer C der FN) Voltigieren. Sie hat jahrelange praktische Erfahrungen an der Longe durch die Turnierteilnahme als Longenführerin beim Gruppen- und Einzelvoltigieren und durch den Einsatz von Pferden in der pädagogischen Arbeit mit lern- und verhaltensauffälligen Kindern.
Für beide Bereiche ist korrektes Longieren Grundlage und begründet das Interesse an einer zielgerichteten Ausbildung und Korrektur von Pferden an der Longe.

Begleitende Literatur

Richtlinien für Reiten und Fahren
Band 6 Longieren, FN-Verlag

Rainer Hilbt: Pferde richtig longieren, blv 2000

Dagmar Schmidt: Longieren sinnvoll und richtig, Kosmos 2000

Ulrike und Christiane Gast: Longe und Doppel-longe in der Praxis, Kosmos 2004

Nützliche Adressen

Deutsche Reiterliche Vereinigung (FN)
Freiherr-von-Langen-Straße 13
48231 Warendorf
Telefon: 02581/63630
www.pferd-aktuell.de

Vereinigung der Freizeitreiter in Deutschland e.V.
(VFD) Bundesgeschäftsstelle
Zur Poggenmühle 22
27239 Twistringen
Telefon: 04243/942404
www.vdfnet.de

FS Reit-Zentrum Reken
Frankenstraße 37
48734 Reken
Telefon: 02864/2434
www.fs-reitzentrum.de

Wissenstest

Die rechte Seite mit einem Blatt Papier bedecken und los geht es:
... bedeutet auf jeden Fall nachlesen!

Warum werden Pferde longiert? Seite 11
Was gehört zur Grundausrüstung? Seite 26 ff.
Was ist wichtig, für den Erfolg des Longierens? Seite 11

Was bedeutet relative und absolute Aufrichtung? Seite 14
Was ist mit Training gemeint? Seite 13
Welche Hilfsmittel benutze ich zum Führen? Seite 19
Zu welcher Seite wird das Pferd in einer Wendung geführt?

Welche Hilfszügel kennst Du? Wie wirken sie ein? Seite 34
Worauf ist bei der Verschnallung der Hilfszügel zu achten? Seite 32
Wie wird die Longe befestigt? Beschreibe verschiedene Möglichkeiten,
ihre Vor- und Nachteile. Seite 28
Welche Hilfen gibt es? Beschreibe sie im Einzelnen ... Seite 54
Wie wirken die unterschiedlichen Positionen zum Pferd? Seite 54
Nenne Touchierzonen am Pferd und erkläre die Wirkung
oberhalb und unterhalb des Knies. Seite 60
Wie groß ist der Durchmesser eines Longierzirkels üblicherweise?
Erläutere die Hilfengebung zum Angaloppieren. Seite 61
Nenne die 6 Punkte der Skala der Ausbildung, wohin sollten sie führen? ... Seite 68

Welche Punkte gehören zur Gewöhnungsphase?
Gilt die Skala der Ausbildung nur im Hinblick auf die Ausbildung über die Jahre gesehen?
Welche Gangarten gibt es, wie unterscheiden sie sich?... Seite 70

Welche Fehler gibt es bei den Gangarten, wie werden sie behoben? ... Seite 70
Beschreibe die Einteilung einer Trainingseinheit. Seite 76
Welche Abstände haben Stangen, wenn sie im Trab überwunden werden sollen?
Worauf ist bei der Arbeit mit Bodenricks zu achten? Seite 83
Welche Verantwortung übernehmen wir bei der Arbeit mit Pferden?
Wie regelt der Tierschutz den Umgang mit Tieren? BGB I, I 1998 1105 ff

Grundausbildung, Muskelaufbau, Krankheit, Voltigieren, Sitzschule, Pferde betrachten

Longe, Peitsche, Hilfszügel, Trense, Longiergurt, Handschuhe

Ausbildungsskala beachten, vollständige und richtige Ausrüstung,
korrekte Hilfengebung, zielgerichtet vorgehen

Relativ in Relation zum Absenken der Hinterhand, absolut ist absolut falsch ...

Nachhaltige und planmäßige Übungen, um Leistungen zu verbessern. Trainingsreize ...

Handschuhe, festes Schuhwerk, Führstrick, Halfter, später Trense, Handarbeitsgerte

Wir führen es auf der linken Seite, wir wenden nach rechts, damit wir nicht abgedrängt werden
oder es uns auf den Fuß tritt.

Ausbinder, Martingal, Stoßzügel, Laufferzügel, Halsverlängerer, Gogue, Chambon ...

Gleichlang auf beiden Seiten, Schnallen nach außen, Dehnungshaltung möglich ...

Am inneren Gebissring bei erfahreneren Pferden.

Longe, Peitsche, Stimme und Körper ...

Neutral: Longenmitte · Bremsend: in Richtung vor das Pferd · Treibend: in Richtung dahinter ...

Kurz hinter dem Gurt, Schulter, Fessel, Sprunggelenk,
oberhalb Knie strafend, unterhalb mehr Untertreten ...

Voll ausgenutzt bei einer 8 m langen Longe 15 m. Eine Schlaufe verbleibt in der Hand.

Vorbereitung, aufforderndes Kommando »Ga-lopp«, Longen- und Peitschenhilfe ...

Takt, Losgelassenheit, Anlehnung, Schwung, Geraderichten, Versammlung
führen zur Durchlässigkeit

T + L + A · Takt, Losgelassenheit, Anlehnung

Nein, sie gilt auch in jeder Trainingseinheit. Kommt es zu Störungen, muss reagiert werden.

Schritt, Trab und Galopp

Schritt ist ein Viertakt mit 8 Phasen, Trab ein Zweitakt mit 4 Phasen, Galopp ein Dreitakt mit 6 Phasen

Pass, Zügellahmheit, Kreuzgalopp, Außengalopp, Vierschlag ...

Lösungs-, Arbeits- und Entspannungsphase ...

ca. 1,20 m

Die Stangen sollten befestigt sein, so dass sie nicht wegrollen können.

Ihre Gesundheit zu erhalten. Sie nicht zu überfordern.

§ 1 Zweck dieses Gesetzes ist es, aus der Verantwortung des Menschen für das Tier als
Mitgeschöpf dessen Leben und Wohlbefinden zu schützen. Niemand darf einem Tier ohne
vernünftigen Grund Schmerzen, Leiden oder Schäden zufügen.